趣玩 TEAM

小科学家的实验书

【英】罗布·贝迪 / 著 【美】汤姆·康奈尔 / 绘 苗盼盼 / 译

中国出版集团 现代出版社

版权登记号：01-2020-2415

图书在版编目（CIP）数据

小科学家的实验书 /（英）罗布 · 贝迪著；（美）汤姆 · 康奈尔绘；黄盼盼译 . —北京：现代出版社，2020.9

（趣玩 STEAM）

ISBN 978-7-5143-8330-0

I. ①小… II. ①罗… ②汤… ③黄… III. ①科学实验－儿童读物 IV. ① N33-49

中国版本图书馆 CIP 数据核字 (2020) 第 093473 号

Written by: Rob Beattie
Illustrator: Tom Connell
Photographer: Michael Wicks
Model maker: Fiona Hayes
Consultant: Pete Robinson, CSciTeach
Designed and edited by: Starry Dog Books Ltd

小科学家的实验书

作　　者 ［英］罗布 · 贝迪
绘　　者 ［美］汤姆 · 康奈尔
译　　者 黄盼盼
责任编辑 王　倩　滕　明　岑　红
出版发行 现代出版社
通信地址 北京市安定门外安华里 504 号
邮政编码 100011
电　　话 010-64267325　64245264（传真）
网　　址 www.1980xd.com
电子邮箱 xiandai@vip.sina.com
印　　刷 北京华联印刷有限公司
开　　本 787mm × 1092mm　1/16
印　　张 6
字　　数 90 千
版　　次 2020 年 9 月第 1 版　2020 年 9 月第 1 次印刷
书　　号 ISBN 978-7-5143-8330-0
定　　价 48.00 元

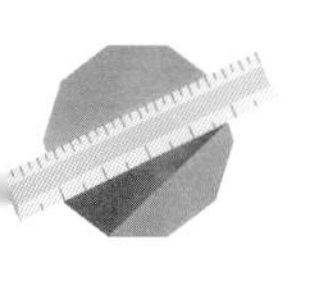

趣玩STEAM

小科学家的实验书

目录

大自然的作品

会移动的作品

科学使世界运转起来

你好呀，欢迎来到《趣玩 STEAM：小科学家的实验书》，这本书将带领你在家中制造许多有意思的东西，而且它们都依靠真实的科学原理来工作。

欢迎加入！

你显然是一个拥有良好判断力的人——否则你不会看这本书——我们很高兴你选择加入我们这场科学发现之旅。在开始之前，先看一下在这本书中你可以期待些什么。

我们特意选择一系列能够展示不同科学原理的“作品”，在得到乐趣的同时，你还可以学到更多知识，从牛顿运动定律和磁场，到运动能量和表面张力。

按照步骤操作，能让你轻易完成“创造”。

你需要

“你需要”列表展示的是每个项目所需要的工具和材料。

每日项目

科学影响着生活的方方面面，不管我们是否意识到这一点。正因如此，我们选择充分利用家里现有的材料进行科学创造。当然，有一两个项目需要你购买材料——磁铁或者木销钉，不过它们都可以在网上买到。我们相信，只要你见到最终的成果，就会觉得这些钱花得太值了。

我们努力让一些“作品”可以在几分钟内做好，而另一些则需要花费更多的时间和精力。（嘿，科学是有趣的，但并不一定就是容易的！）

提醒：

你应该独自完成每个步骤，但如果有必要让大人监督，我们会告知你。注意“提醒”这个通知，它会告诉你什么时候需要寻求帮助。

科学知识：

每个项目都有“科学知识”这个版块，解释这个项目背后的科学原理。

实验

作家儒勒·凡尔纳曾经说过：“科学是由错误组成的，但这些错误是有益的，因为它们一步一步地引导我们接近真理。”所以，本着凡尔纳先生的精神，我们鼓励你去犯错、去探索、去实验、去思考你完成的每个项目背后的原理。你会发现，将科学付诸实践会得到无与伦比的快乐。

好了，交代完毕。下面就看你的了……

纸楼梯

只用一张纸、一支铅笔和一支马克笔，你就可以造出一组楼梯，它通向纸的下方，并消失在黑暗中……

你需要

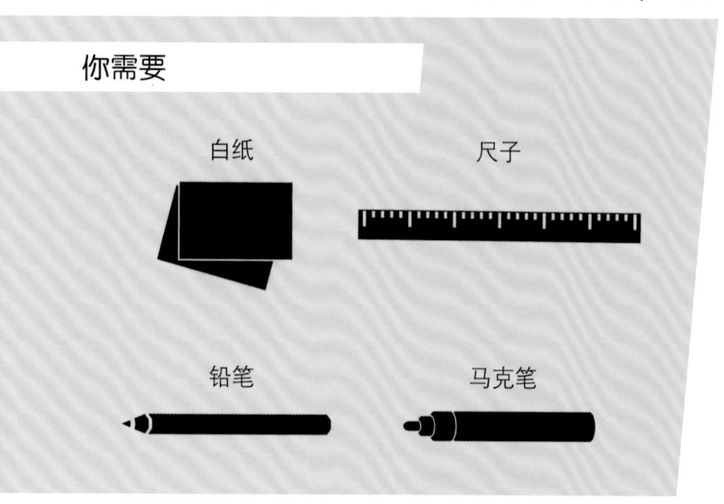

1

在纸上画一个长方形。

2

画垂直线，将长方形分割成如图所示的样子。

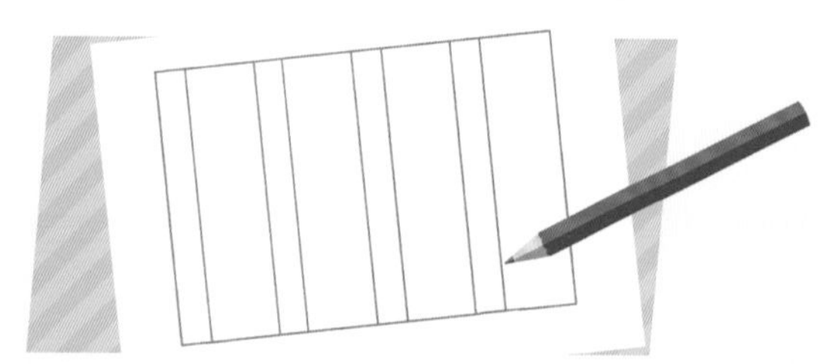

3

从左上的顶角开始，在一格中画 45 度角的斜线，再在下一格中画一条水平线。重复这一步骤，一直画到这张纸的右侧边缘线。

4

用马克笔将步骤 3 画的线描一遍，然后再描出如图所示的两条边缘线。

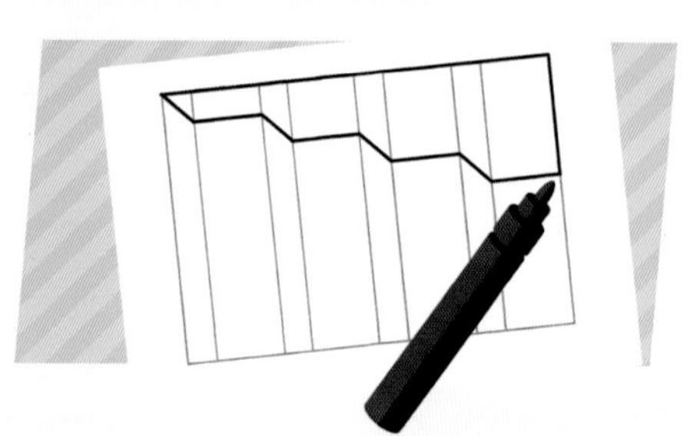

5

用马克笔将步骤 4 描绘的形状内部涂成黑色，然后用铅笔将垂直的窄条涂黑。

6

测量得到这幅画右边中心处的点，用铅笔从这个点画直线，连接到左边顶部的点。用铅笔将这一区域轻轻涂上阴影。

7

完成涂色，你的 3D 绘画就大功告成了！

科学知识：视错觉

你的大脑要处理你所见到的东西，而且比你想象的要多出很多。例如，实际上，你的眼睛看到的一切都是倒置的，但你的大脑把这幅影像调正了。错视之所以起作用，是因为你的大脑总是试着把你见到的一切变得合理。每天，你见到数千，甚至数百万各种各样的物体，你的大脑必须努力保持同步。在画纸楼梯的过程中，线条和阴影创造了一种真实的楼梯消失在纸上的错觉。这种视错觉欺骗了你的大脑，让大脑以为这些楼梯有纵深，是立体的。

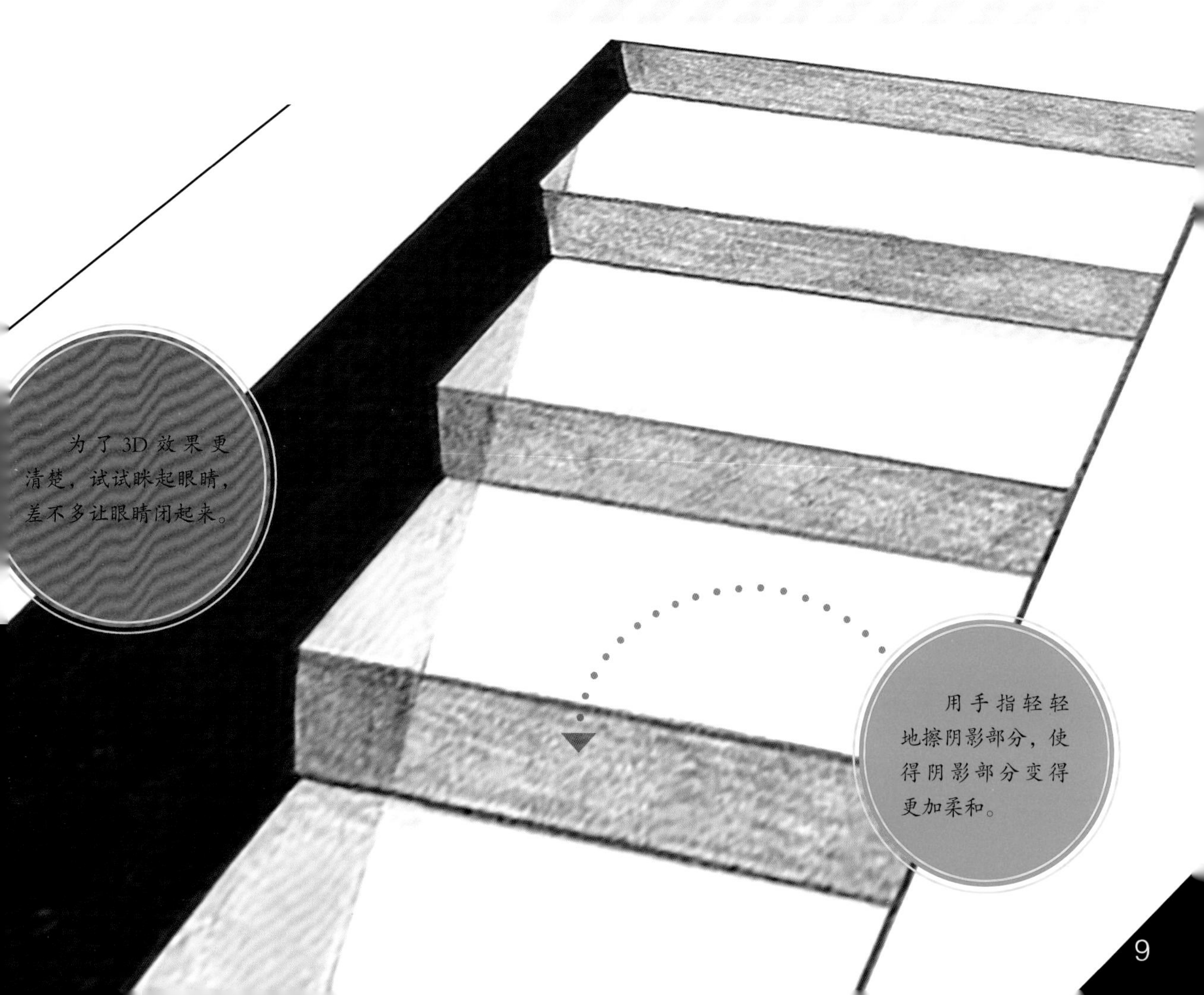

为了 3D 效果更清楚，试试眯起眼睛，差不多让眼睛闭起来。

用手指轻轻地擦阴影部分，使得阴影部分变得更加柔和。

隐形墨水

现在我们教你怎样画或写一个谁都看不见的信息——除非他们知道让其显现的秘密！

提醒：

如果灯泡太烫，你要寻求大人的帮助。小心，不要触摸灯泡或直视灯泡。

你需要

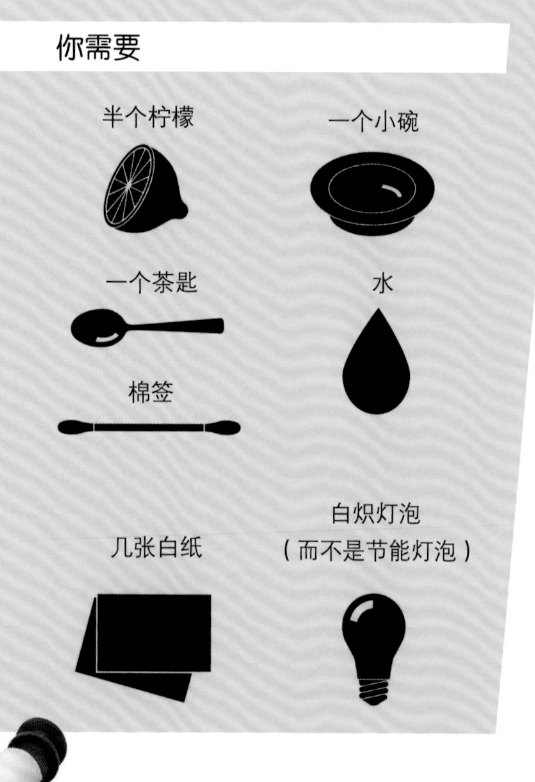

1 将柠檬挤出汁，盛在小碗里。

2 往柠檬汁里加两茶匙的水，用棉签搅拌。然后在一张纸上，用棉签画或写出你的秘密信息。

3 等纸上的水迹干了，将纸小心地置于灯上——但不要挨得太近，否则纸会烤焦。

4 将纸在灯上移动，直到图案或信息显现出来！

科学知识：

氧化

你在画图案时，柠檬汁被纸吸收了。加热时，柠檬汁和空气产生化学反应生成碳，随着碳元素的释放，图案就变成了褐色。这个过程叫作氧化。

莫比乌斯带之谜

将一张纸剪开就会得到两张纸，对吗？不总是这样吧！令人吃惊的莫比乌斯带就只有一个边。

1 从纸片或卡片上剪下宽 2.5 厘米的纸条。

2 将纸条弯曲，使两端重合，形成一个圆环，然后把其中一端翻转 180 度。

3 将纸条的两端粘在一起。你就得到了一个曲面圆环，这就是莫比乌斯带。

4 沿着纸带的中央画一条线，直到返回开始画线的地方。看看发生了什么？

5 现在是最奇妙的部分。小心地将剪刀插入纸带中间，沿着刚才画的线，将纸带剪开。结果可能和你期待的有一点差别。

继续变戏法，在粘这个圆环之前，将其中一端翻转 360 度。然后沿着中间剪开，看看发生了什么？

科学知识：只有一个面，一个边

因为弯曲的作用，莫比乌斯带只有一个面和一个边，而不是两个。这意味着它不能被切成两半。

鱼壁纸

通过对简单的形状进行排列，就能创造出令人目瞪口呆的图案。快来试试吧！

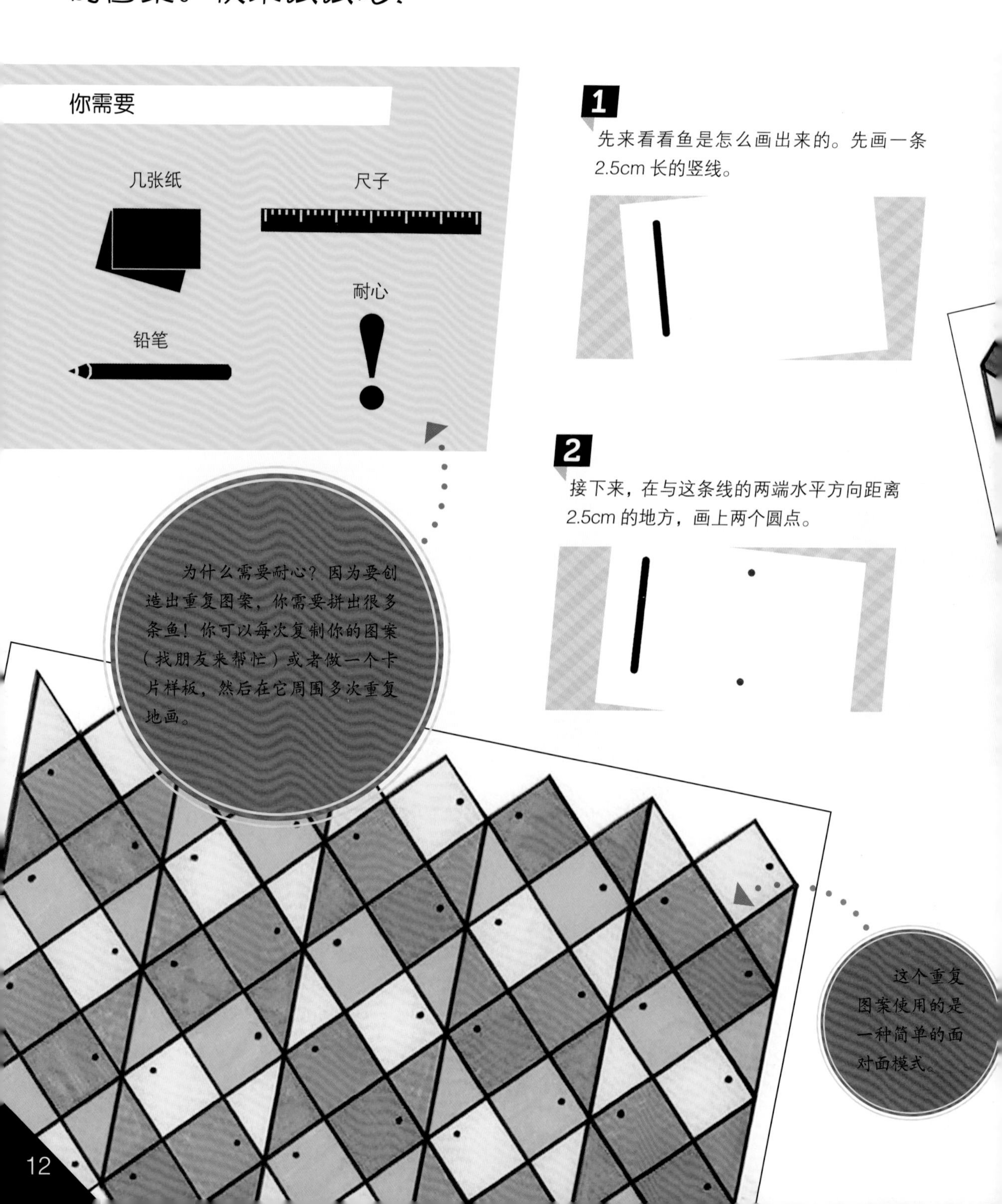

1 先来看看鱼是怎么画出来的。先画一条2.5cm长的竖线。

2 接下来，在与这条线的两端水平方向距离2.5cm的地方，画上两个圆点。

为什么需要耐心？因为要创造出重复图案，你需要拼出很多条鱼！你可以每次复制你的图案（找朋友来帮忙）或者做一个卡片样板，然后在它周围多次重复地画。

这个重复图案使用的是一种简单的面对面模式。

3

将竖线的顶端与底部的圆点连成线，将竖线的底端与顶部的圆点连成线。

4

接下来，在这两条线交叉点水平向右 2.5cm 的地方，画一个圆点。

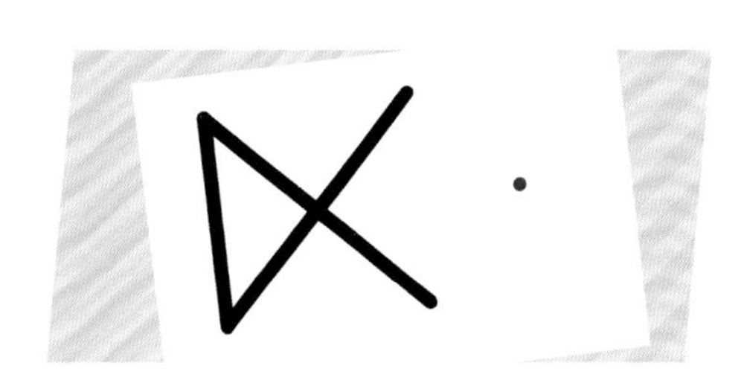

这个图案中的鱼是堆叠在彼此上方，先左后右，组成了重复图案。

5

将这个圆点和两条“悬空”的直线连起来，然后画一个点，作为鱼的眼睛。选择一种排列方式，重复画鱼完成图案。

科学知识：重复图案

重复图案是一种几何结构。它最普遍的两条规则是：（1）形状之间没有缝隙。（2）一种形状的边不能与另一种形状的边并排。三角形、正方形和六边形是最容易重复的图形。鱼壁纸中的鱼由三角形和正方形组成。通过不同的排列组合，可以创造出形式多样的重复图案。

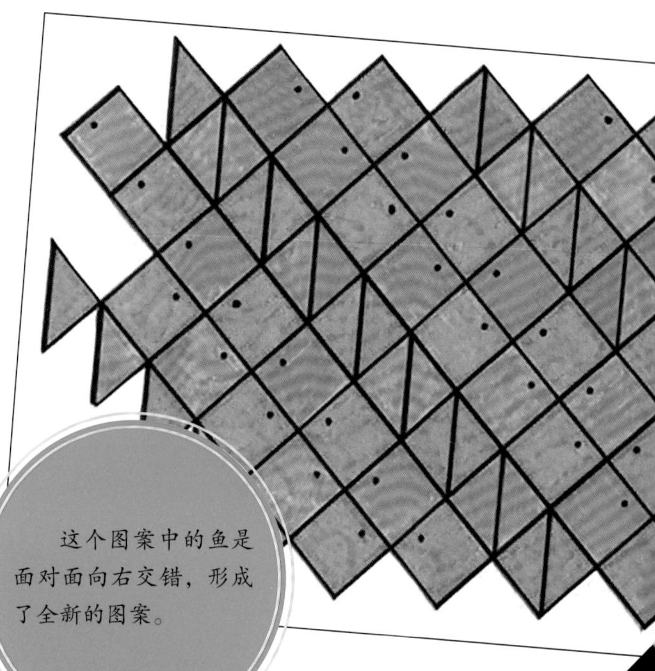

这个图案中的鱼是面对面向右交错，形成了全新的图案。

可循环使用的蜡笔

你有一些折断的旧蜡笔吗？我们将向你展示如何让它们重获新生。

你需要

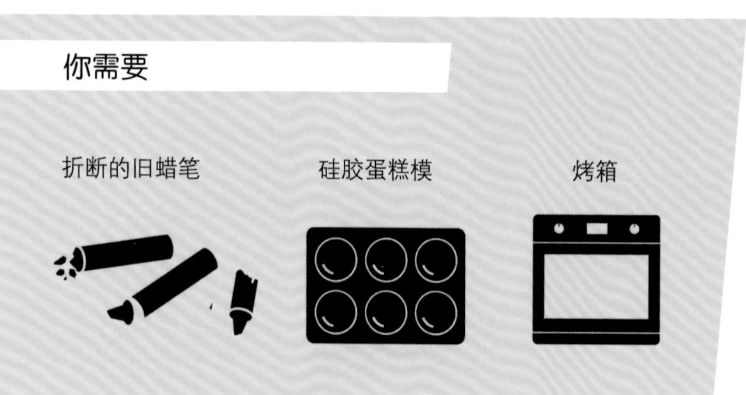

1

将蜡笔表层的包装纸剥去，折断蜡笔，放在硅胶蛋糕模里。

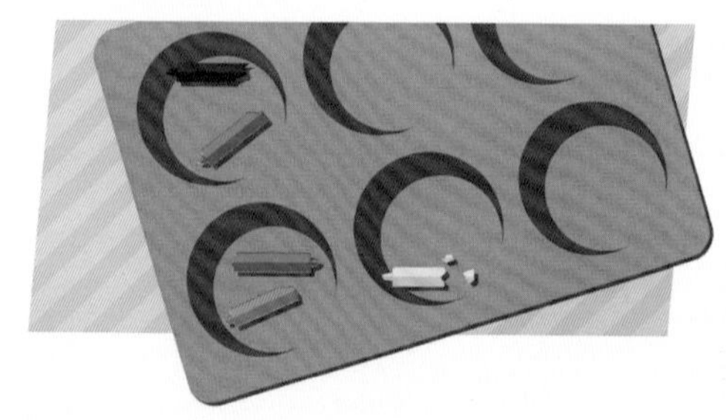

2

确保将不同颜色的蜡笔混合在一起，使得颜色更丰富，效果更好。

3

将烤箱预先加热到 90℃，请大人帮忙把硅胶蛋糕模放进烤箱并加热 10—15 分钟。

4

检查硅胶蛋糕模中的蜡笔。确定蜡笔已经熔化成五颜六色的液体。

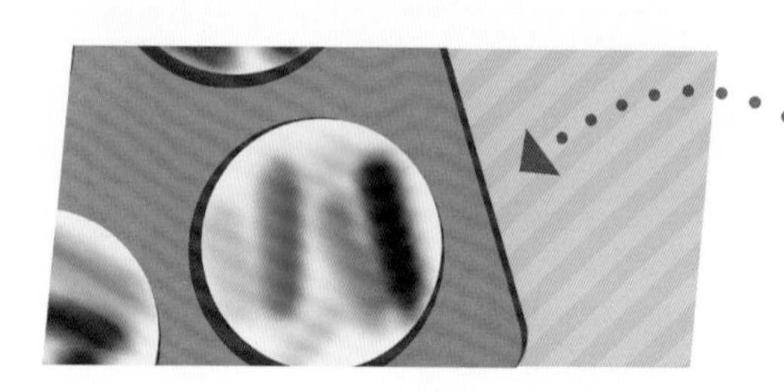

你也许想知道，蜡笔会不会在阳光下融化。不要浪费你的时间了，阳光可不够热。

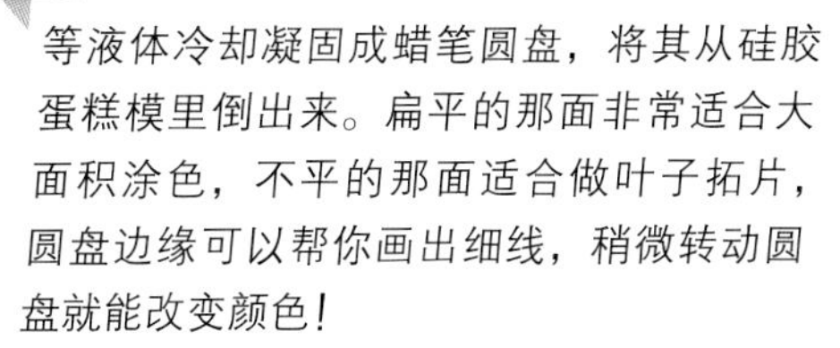

等液体冷却凝固成蜡笔圆盘，将其从硅胶蛋糕模里倒出来。扁平的那面非常适合大面积涂色，不平的那面适合做叶子拓片，圆盘边缘可以帮你画出细线，稍微转动圆盘就能改变颜色！

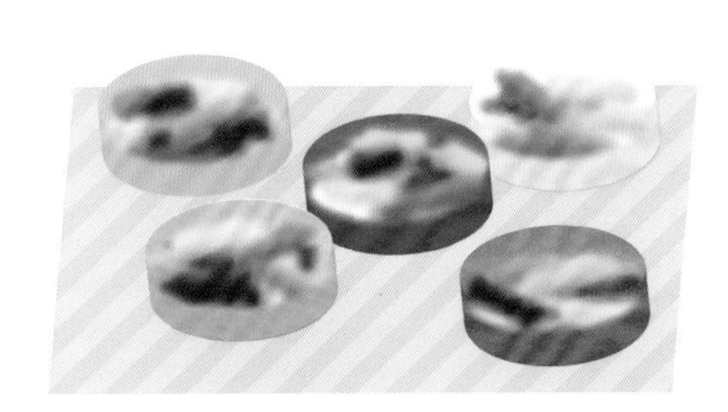

科学知识：

物态

你所见到的周围的一切都是物质。物质有固态、液态或气态。通过加热，可以将物质从一种状态变为另一种状态。如果你可以看见固态物质的内部，就会发现它是由力将微小的粒子结合起来构成的。当你对物质进行加热时，这些力会变得不足以把粒子结合在一起，因此物质熔化。待其冷却后，这些力又变得强大起来，并将粒子结合，再次形成固态物质。蜡笔一开始是固态的，加热熔化后变为液态，冷却后又变回固态。

灵巧的指南针

辨别方向时用到的最古老的工具就是指南针，它能魔法般地一直指着北方。

你用的磁铁磁力越强，缝衣针保持磁性的时间就越长，你的指南针也就能更好地工作。你可以尝试使用冰箱贴后面的磁铁。

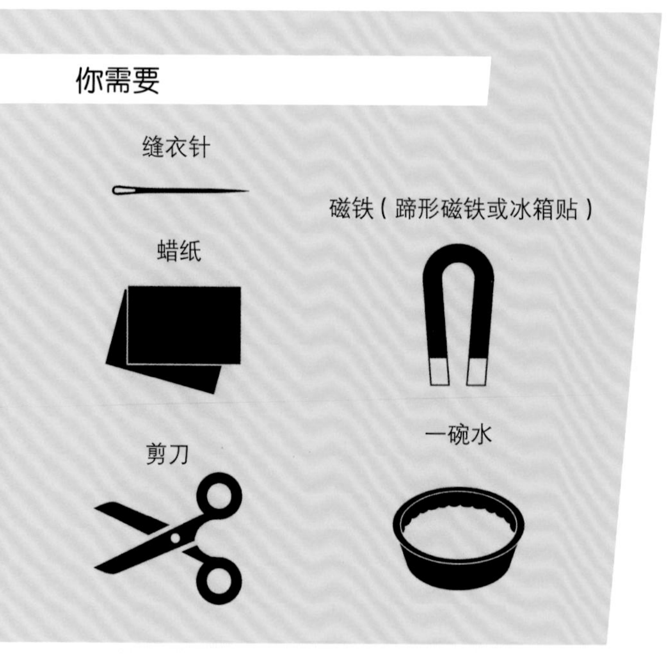

1

取一块磁铁和一根缝衣针——小心，它很锋利！

2

用磁铁沿相同方向摩擦缝衣针 20 次，从针眼向针尖方向摩擦。

3

将磁铁和缝衣针朝同一方向放好。现在，拿出一张蜡纸。

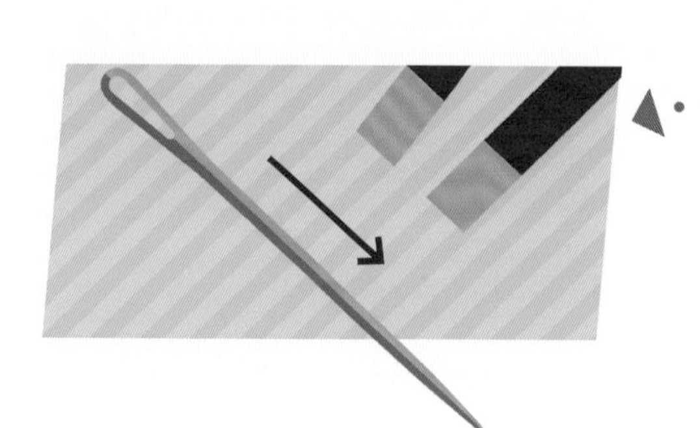

磁铁要远离电脑和手机，否则会干扰它们，甚至使得它们停止工作。

将蜡纸剪成圆形，确保蜡纸圆片的直径比缝衣针的长度短。

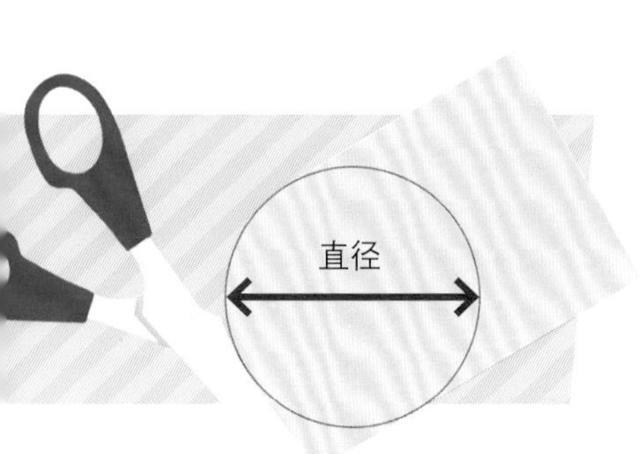

用缝衣针的针尖刺穿蜡纸，如图所示。

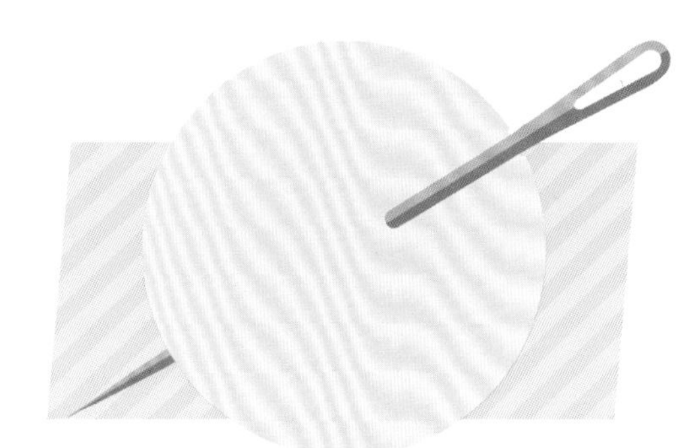

你可以用卡片将碗的边缘装饰起来。当缝衣针停止转动时，以太阳为参照物，添加指南针的指向：N（北方）、E（东方）、S（南方）和W（西方）（见第18页）。

请继续阅读……

6

再将针尖穿回蜡纸。确保针处于蜡纸的中央。

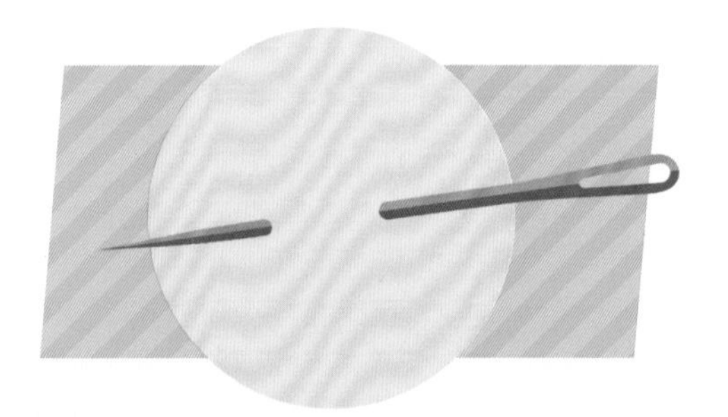

7

取来一碗水，将针和蜡纸圆片小心地放在水面上。

8

过一会儿，针会自己移动起来。当针停止移动时，它的两端指向南北方向。

今天人们仍然在使用指南针，尤其是徒步旅行者在没有手机信号的地方。幸运的是，他们可以依靠这个拥有两千年历史的科技来找出他们前行的方向。

科学知识：

磁引力

当你用磁铁摩擦针的时候，针就变成了一个磁铁。这是怎么实现的？一般来说，金属物体都带有磁性，但磁性物质随机混乱排列，不显示磁极。用磁铁沿一个方向摩擦针，让所有磁性物质朝向相同的方向，使针具有磁极。

地球本身就是一个巨大的磁体，因为磁体之间要么相互吸引、要么相互排斥，磁针的一端会被地球的地磁北极吸引，而另一端则被地磁南极吸引。在阳光明媚的清晨，把指南针拿到户外，你可以找出磁针的哪一端指向北方。太阳从东方升起，因此你可以轻易判断出哪一个方向是北方。

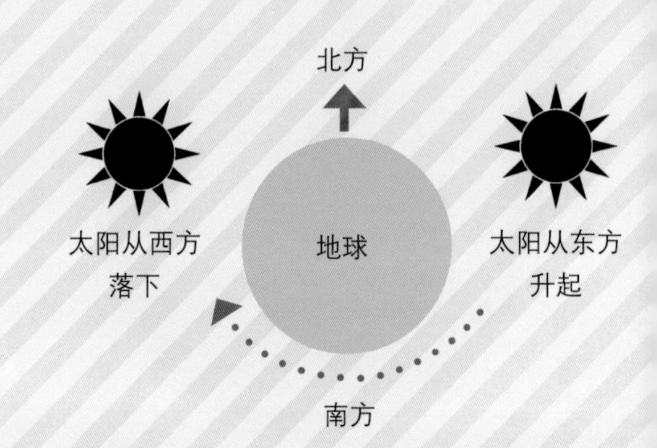

秘密珠宝

想象一串项链或者手链，它所展现的秘密文字只有你自己可以读懂。这很容易制作，只要你能够像电脑那样思考！

你需要

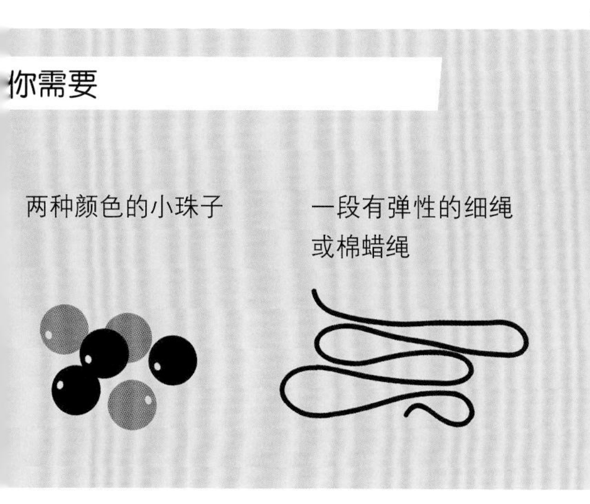

1

先定好你想要隐藏的文字，并将你的珠子分成两堆。蓝色的珠子标记为“0”，橙色的珠子标记为“1”。

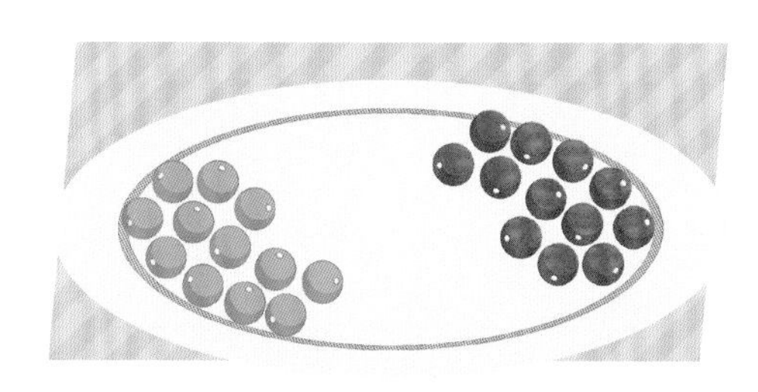

2

用二进制字母表（见第 20 页）排列出秘密文字的第一个字母。我们要排列的是“Rob”这个名字，所以先从“R”开始。

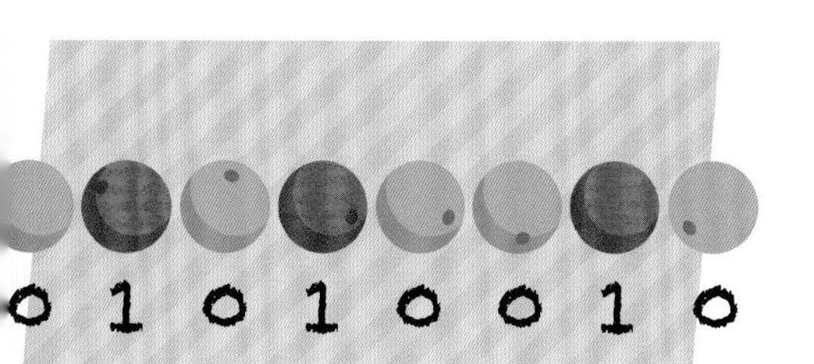

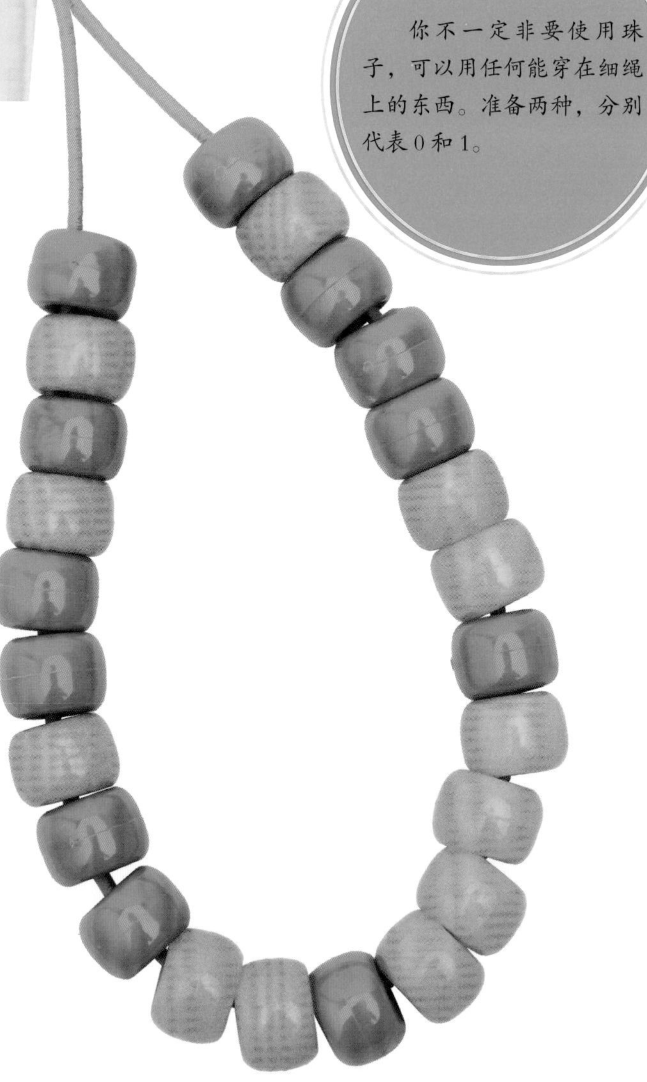

你不一定非要使用珠子，可以用任何能穿在细绳上的东西。准备两种，分别代表 0 和 1。

请继续阅读……

3

现在制作下一个字母，我们要制作的字母是“o”。

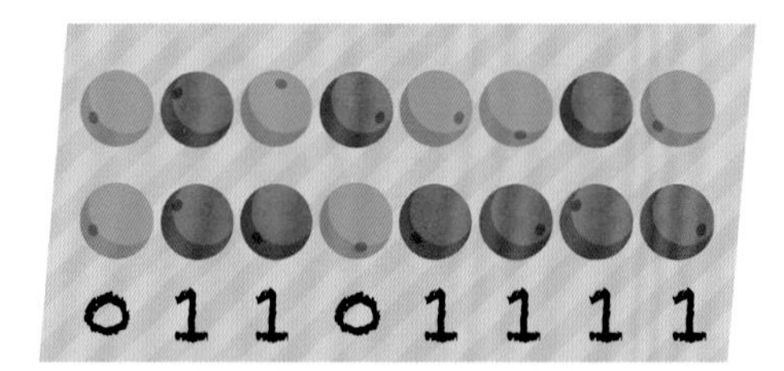

4

最后一个字母是“b”。你可以继续排列珠子，直到得到所有你需要的字母。

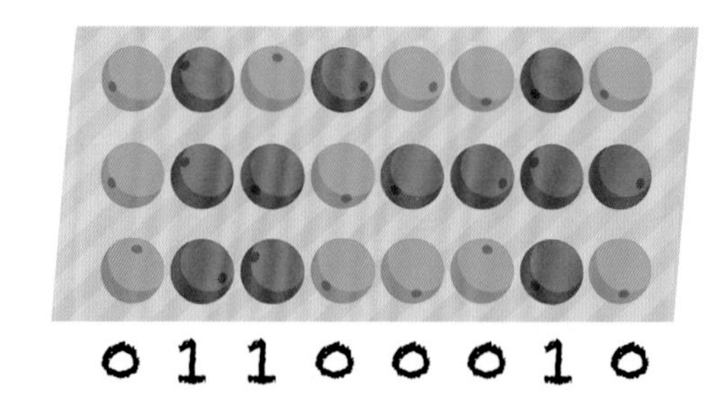

5

接下来，将第一个字母穿到细绳上。

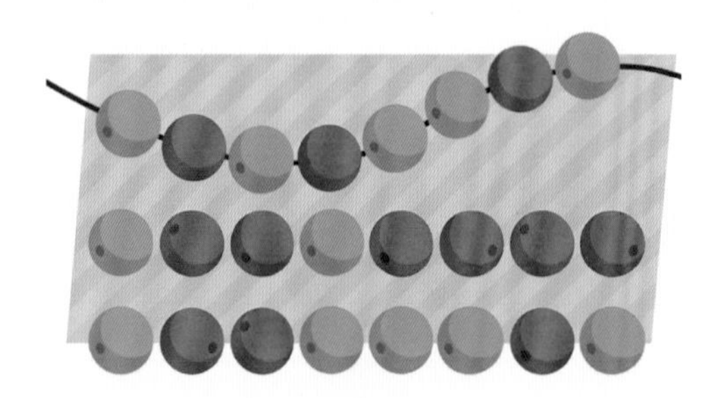

6

将其他的字母穿到细绳上，然后在适合的地方剪断细绳，在两端分别打结。

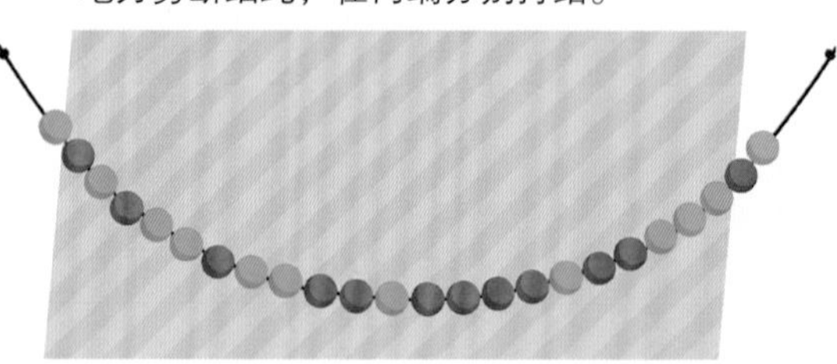

二进制字母表

大写字母	二进制代码	大写字母	二进制代码	小写字母	二进制代码	小写字母	二进制代码
A	01000001	N	01001110	a	01100001	n	01101110
B	01000010	O	01001111	b	01100010	o	01101111
C	01000011	P	01010000	c	01100011	p	01110000
D	01000100	Q	01010001	d	01100100	q	01110001
E	01000101	R	01010010	e	01100101	r	01110010
F	01000110	S	01010011	f	01100110	s	01110011
G	01000111	T	01010100	g	01100111	t	01110100
H	01001000	U	01010101	h	01101000	u	01110101
I	01001001	V	01010110	i	01101001	v	01110110
J	01001010	W	01010111	j	01101010	w	01110111
K	01001011	X	01011000	k	01101011	x	01111000
L	01001100	Y	01011001	l	01101100	y	01111001
M	01001101	Z	01011010	m	01101101	z	01111010

现在阅读科学知识，了解将字母转换为数字0和1的逻辑。

科学知识：二进制代码

当一台电脑“看到”一个字母，它真正看到的是 8 个输入了 0 或 1 的空槽，因为电脑只能处理这样的信息。每一个槽代表着一个数字：槽 1 的值为 128，槽 2 的值为 64，槽 3 的值为 32，槽 4 的值为 16，槽 5 的值为 8，槽 6 的值为 4，槽 7 的值为 2，槽 8 的值为 1。

那么，我们是如何把字母“A”变为 01000001 的呢？首先，从下面的数字代码表（A=65）中得到字母的 ascii 码。现在，你还记得 8 个空槽的值吗？为了得到 65，你需要一个 64（所以我们在槽 2 中放入一个 1）加上一个 1（所以我们在槽 8 中放入一个 1），所有其他的空槽都为 0。

大写字母“A”=ascii 码 65

空槽	1	2	3	4	5	6	7	8
值	128	64	32	16	8	4	2	1
二进制代码	0	1	0	0	0	0	0	1

看看你能否算出字母“d”的二进制代码。首先，从下方的数字代码表中找到它的 ascii 码。接着，找出哪几个值的数字加起来等于这个 ascii 码。在第 20 页的二进制字母表中找到“d”，检查你的答案是否正确。

小写字母“d”=ascii 码？

空槽	1	2	3	4	5	6	7	8
值	128	64	32	16	8	4	2	1
二进制代码	?	?	?	?	?	?	?	?

数字代码表

大写字母	ascii 码	小写字母	ascii 码
A	65	a	97
B	66	b	98
C	67	c	99
D	68	d	100
E	69	e	101
F	70	f	102
G	71	g	103
H	72	h	104
I	73	i	105
J	74	j	106
K	75	k	107
L	76	l	108
M	77	m	109
N	78	n	110
O	79	o	111
P	80	p	112
Q	81	q	113
R	82	r	114
S	83	s	115
T	84	t	116
U	85	u	117
V	86	v	118
W	87	w	119
X	88	x	120
Y	89	y	121
Z	90	z	122

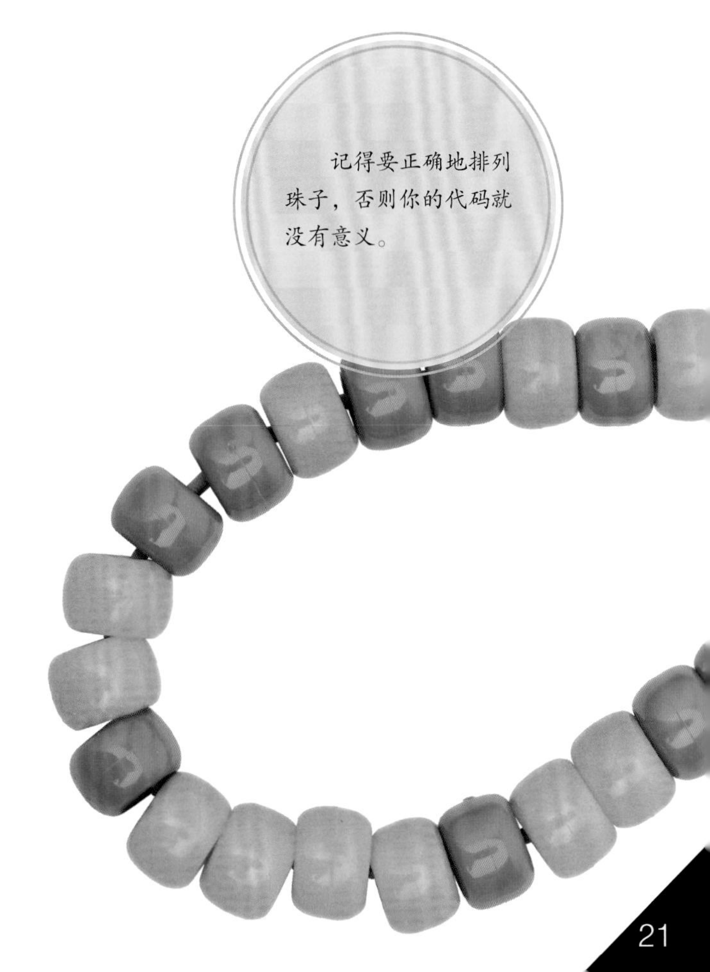

记得要正确地排列珠子，否则你的代码就没有意义。

编码留言板

两千多年来，编码盘一直帮助人们发送秘密信息。现在，轮到你了！

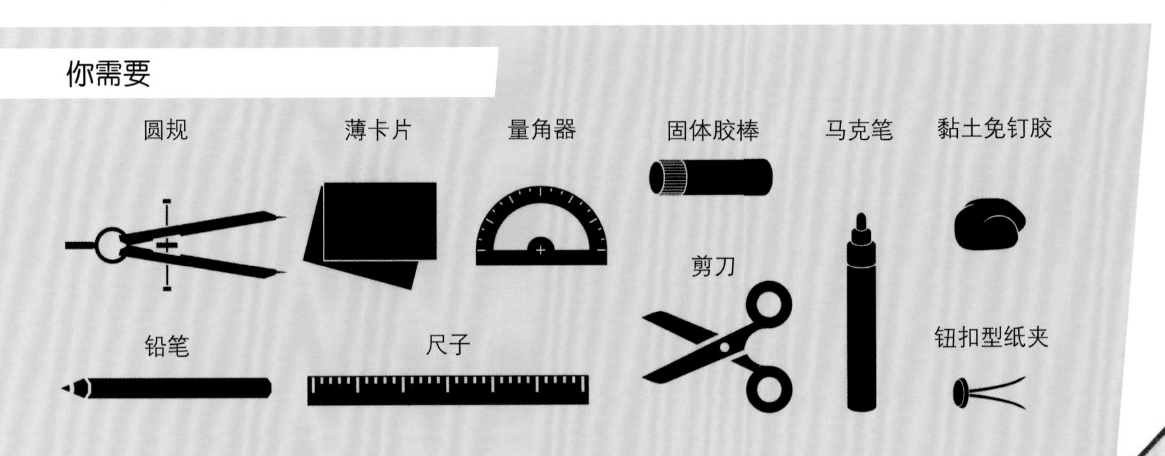

1

用圆规和铅笔，在薄卡片上画一个直径 15 厘米的圆和一个直径 13 厘米的圆。用量角器和尺子将两个圆分别切分成 26 个部分。

一个圆是 360 度。将其分为 26 个几乎相等的部分，你需要量出 22 个 14 度和 4 个 13 度。

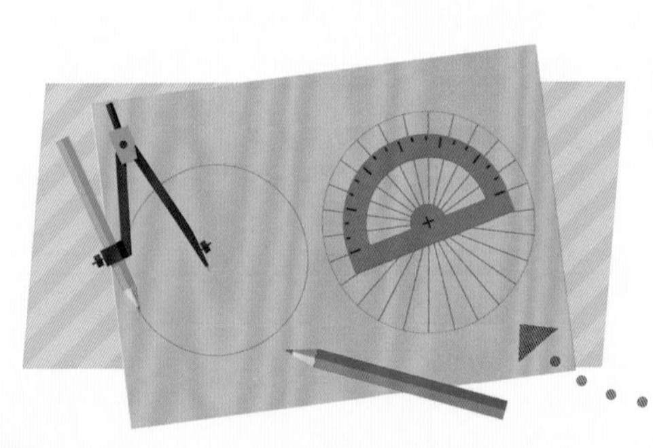

2

把两个圆剪下来，并为圆的各个部分涂色。

3

接下来，将字母表上的字母按顺序写在两个圆盘上，如下图所示。

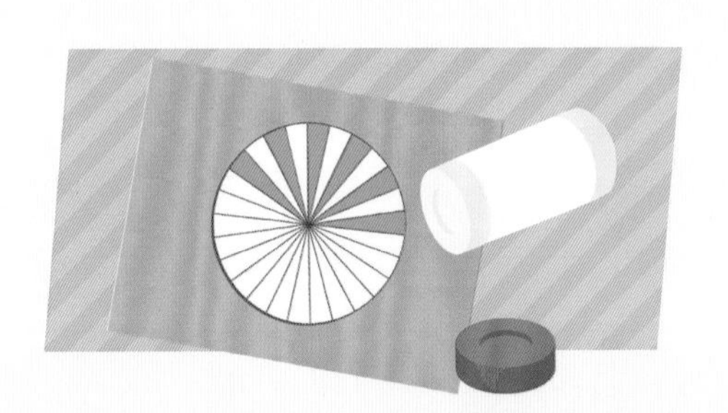

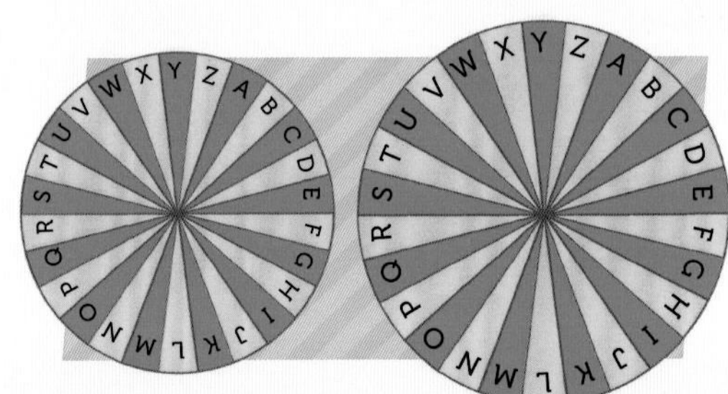

4

将小圆盘放在大圆盘上，再将它们的中心处垫在一块黏土免钉胶上。用削尖的铅笔在圆心戳一个洞，然后用纽扣形纸夹将两个圆盘连接起来。

5

你的编码盘就大功告成了。那么，它是如何工作的呢？

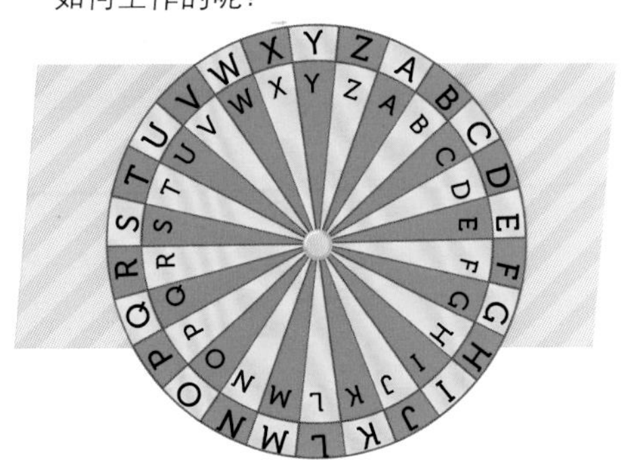

6

非常简单！交换信息的双方都需要一个编码盘。开始之前，双方要约定好将小圆盘的字母向右或向左移动几格，从而创造密码。假如向右转动 2 格，小圆盘的“A”就与大圆盘的“C”对齐了。现在阅读“科学知识”，找出写下信息的方法。

科学知识：

替代编码

这个简单的代码很难被破解。在大圆盘找到信息的第一个字母，并将小圆盘上对应的字母写下来。例如，你想发送“求救（SEND HELP）”信息，写下 Q 代替 S，写下 C 代替 E，以此类推。写好的信息应该是这样：

S E N D H E L P

Q C L B F C J N

发送 QCLB FCJN，不知道这个编码的人，很难读懂这条信息！

神圣的音乐

也许用鞋盒竖琴弹奏的曲子并不动听，但制作过程却充满了乐趣。

你需要

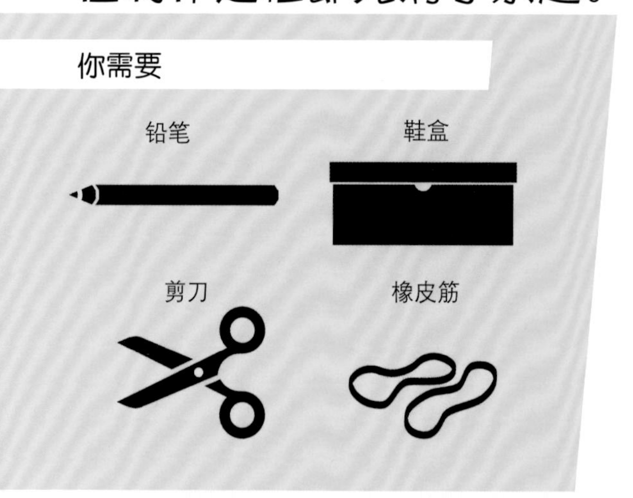

1

在鞋盒盖子中央的位置标记一个点，再用铅笔在那里戳一个洞。

2

接下来，以这个洞为中心，画一个椭圆。

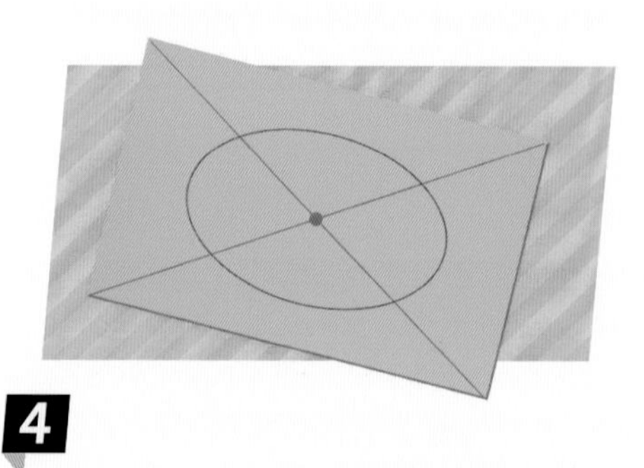

3

将剪刀穿过这个洞，并剪下这个椭圆。

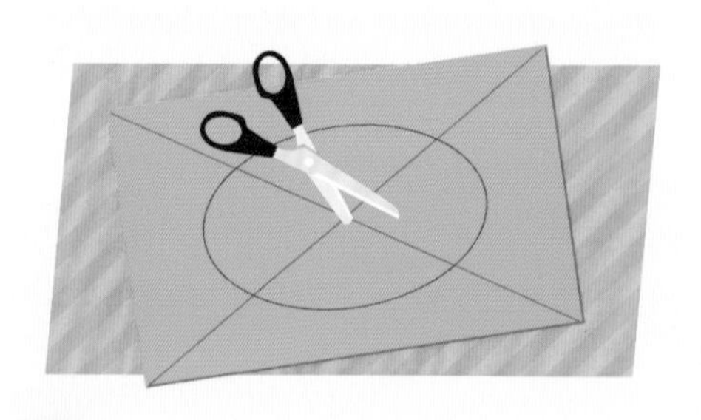

4

一开始你可以粗略地剪这个椭圆，当剪刀接近你画的线时，尽可能灵巧地沿着线来剪。

5

把橡皮筋套在鞋盒上有椭圆洞的地方，多套几根橡皮筋。

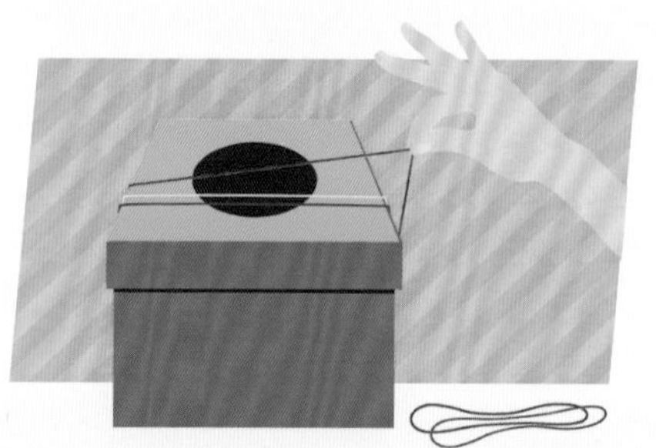

最后，小心地将铅笔从绷紧的弦下穿过，并根据下图所示略微调整角度。现在，准备好加入天堂之音合唱队吧！

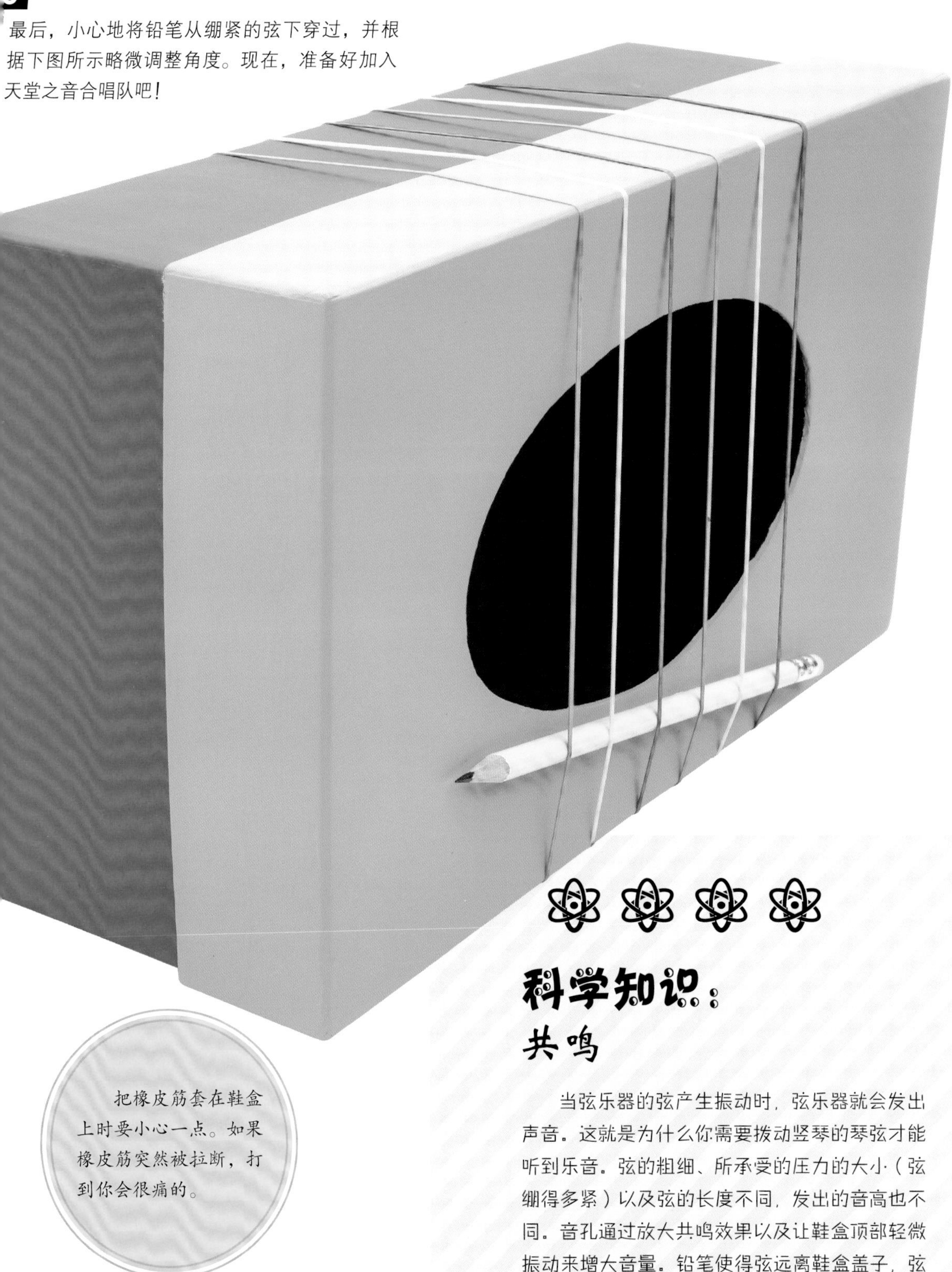

把橡皮筋套在鞋盒上时要小心一点。如果橡皮筋突然被拉断，打到你会很痛的。

科学知识：
共鸣

当弦乐器的弦产生振动时，弦乐器就会发出声音。这就是为什么你需要拨动竖琴的琴弦才能听到乐音。弦的粗细、所承受的压力的大小（弦绷得多紧）以及弦的长度不同，发出的音高也不同。音孔通过放大共鸣效果以及让鞋盒顶部轻微振动来增大音量。铅笔使得弦远离鞋盒盖子，弦因此得以更加自由的振动。

潘神的牧笛

你只需要几根吸管和胶带就能制作这件乐器。不过，想让它发出真正的曲调还需要一些练习！

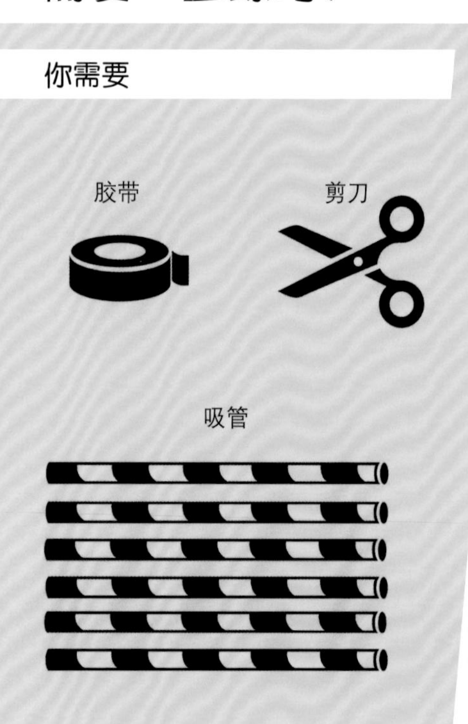

1

揭开一段胶带，将吸管排列在胶带上，尽可能地排列整齐。

2

当你把所有的吸管都放好时，剪断胶带，用胶带缠住吸管，并让吸管保持原位。

3

倾斜着剪断这些吸管，保证每根吸管的长度都不一致。

4

将潘神的牧笛放在嘴边，吹过每一根吸管的顶端，从而发出不同的音高。

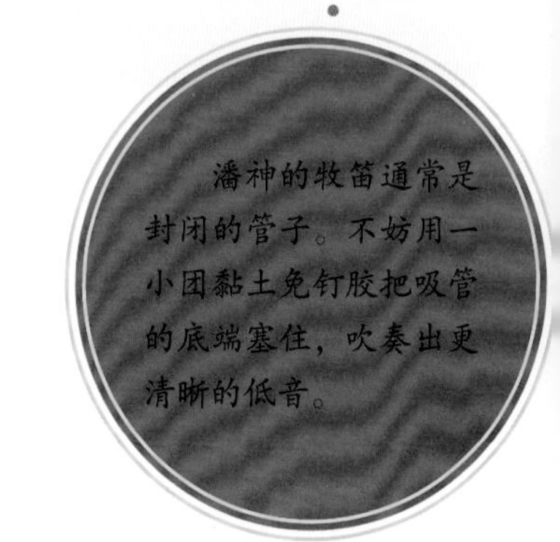

科学知识：音高

吹吸管的顶端，使得空气在吸管内振动。长吸管产生低音，短吸管产生高音。如果所有的吸管都是同样的长度，就会产生同样的音高。

智能手机音箱

当你可以为手机做个低音炮时，为什么还要忍受它原本细弱的声音呢？

如果发出的声音没变化，请检查是否将手机正确的一端放在音箱里了。

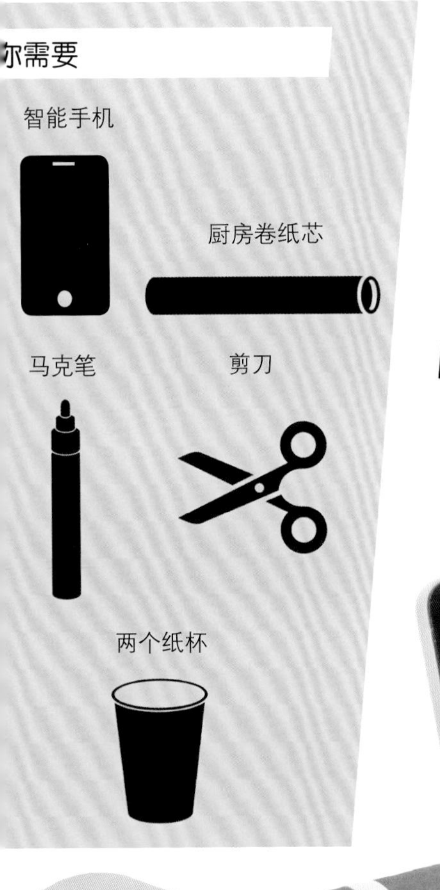

1 在卷纸芯的中央固定住智能手机，沿着手机底部与卷纸芯接触处画出轮廓线。沿着轮廓线，用剪刀小心地剪出卡槽的形状。

2 将卷纸芯的一端置于纸杯的侧面，在纸杯上画出圆形轮廓线。

3 剪下你刚才画在纸杯上的圆形，然后将卷纸芯的一端插入纸杯中。

4 在卷纸芯的另一端重复步骤2与步骤3。

5 打开音乐播放器，将智能手机插入卷纸芯的卡槽中。确保手机扬声器在卷纸芯中。现在音乐声被放大了。

科学知识：定向声

将扬声器置于卷纸芯中，给声波营造了共振的空间，声音得到放大。通过纸杯输出声音，让音乐声听起来更大。

叫醒铃铛

只用两根绳子就能让衣架发出好听的铃铛声。你想试试吗？

你需要

两根同样长度的绳子

1

把一根绳子系在金属衣架的一端。

2

把另一根绳子系在衣架的另一端。

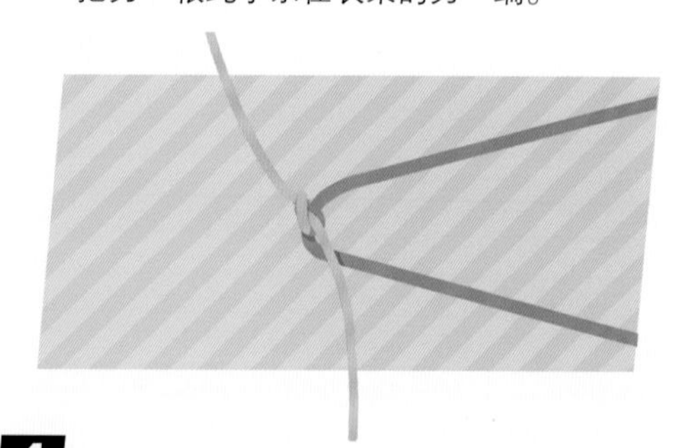

3

找一扇门，侧身站在门的旁边，用两根绳子将衣架悬挂在你面前，摆动衣架，衣架与门撞击发出“叮叮”声。

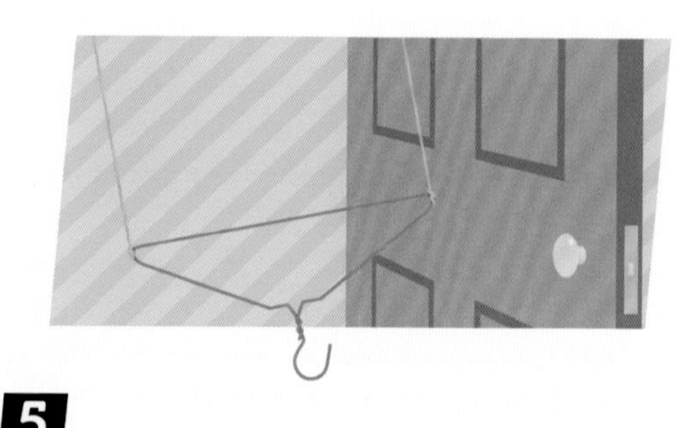

4

我们再试一遍。这次，将两根绳子分别缠在双手的食指上。

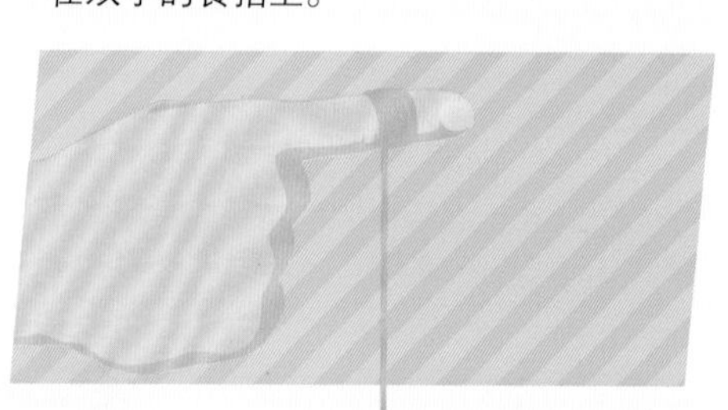

5

然后将两个食指缓慢地插进耳朵里。

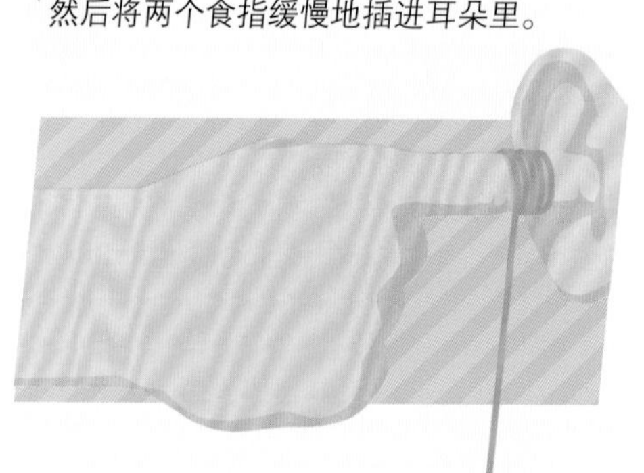

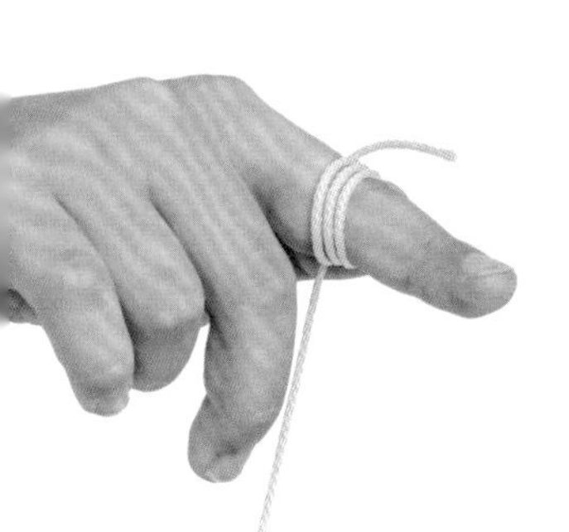

6

再次对着门摆动衣架，你会听到像闹铃一样的铃声。

你还可以请朋友用金属汤匙敲击衣架。你会听到一阵响亮的哐啷声。

科学知识：传导声音

我们能听到声音，是因为物体振动产生声波，声波穿过空气到达我们的耳朵。空气可以传导声音，但绳子更有利于传导声音，因为它是固体。声波从衣架传出，在空气中向四面八方发散，因此只有一部分声音到达你的耳朵。而通过将绳子缠在食指上，把食指轻柔地放进耳朵，就会有更多的声音到达你的耳朵。声波从衣架传到绳子上，直接到达你的耳朵。这就会让原本微弱的“叮叮”声（通过空气传导）变成急速的“啷啷”声（通过固体传导）。

吹奏布鲁斯

感到烦透了吗？当你心情低落，想把这种情绪释放出来时，只有一种乐器适合你，那就是口琴。

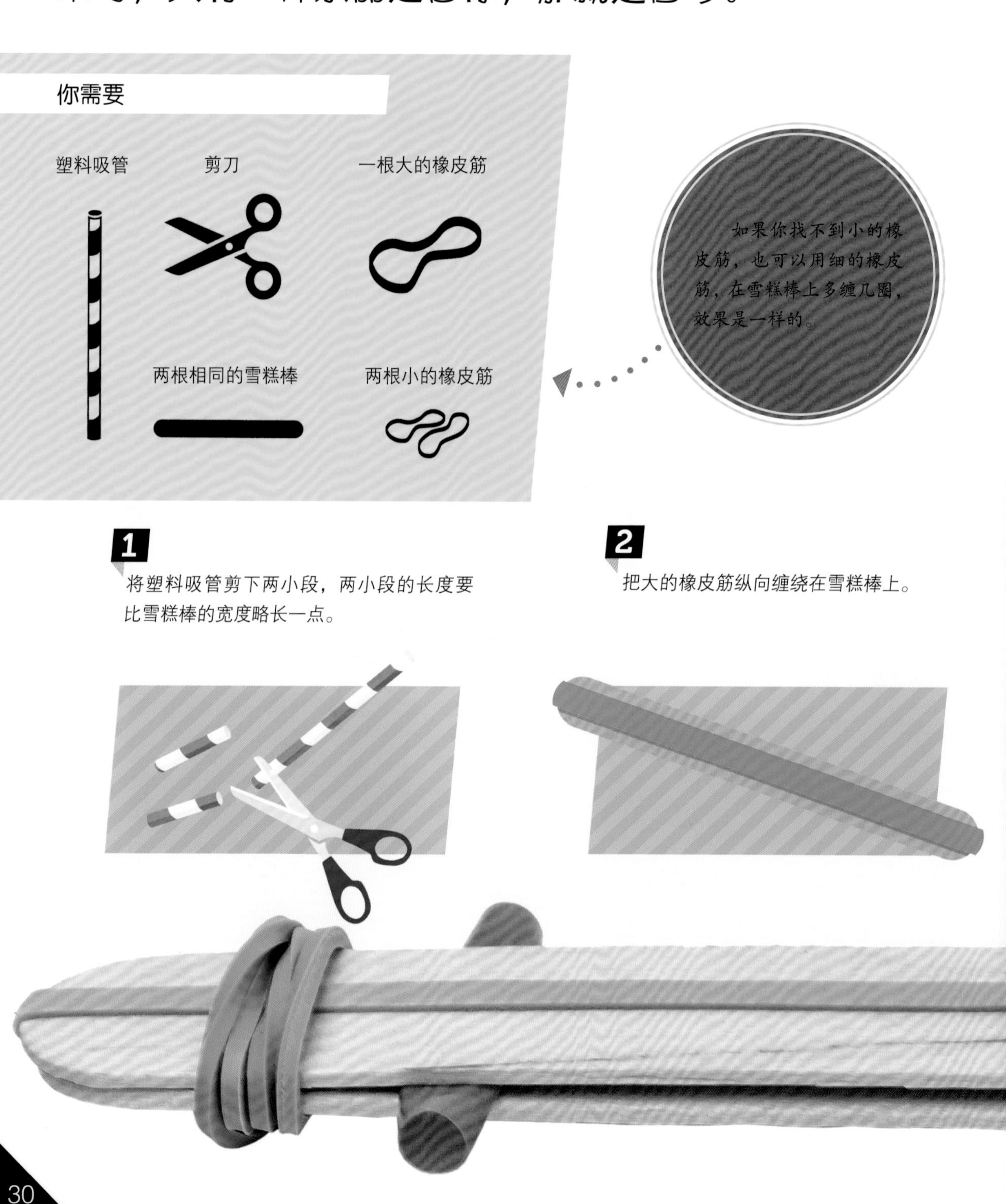

3

将剪下的两小段塑料吸管插进橡皮筋和雪糕棒之间，置于雪糕棒的两端。

将另一根雪糕棒叠放在第一根雪糕棒上。

5

用一根小橡皮筋缠住两根雪糕棒的一端。

6

在两根雪糕棒的另一端重复步骤 5。现在，在两根雪糕棒之间吹气，你就可以吹奏出布鲁斯了。

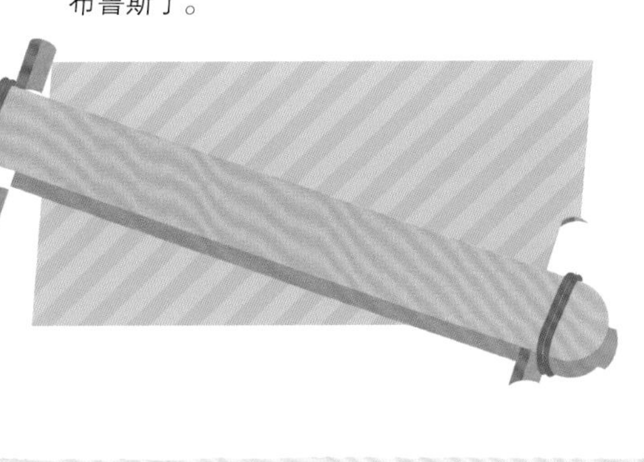

科学知识：频率和音调

当你吹口琴时，雪糕棒之间的橡皮筋振动发声。移动两根塑料吸管，使其距离接近，会改变橡皮筋振动的频率，使音调变高。将塑料吸管分别移向雪糕棒的两端，音调则会变低。

你还可以通过更轻柔或者更用力地吹气来改变音调。这两种方法都会改变橡皮筋振动的频率，使音调在音阶上升高或降低。

咯咯叫的杯子

怎么能让塑料杯像鸡一样咯咯叫？其实这比你想的要简单，而且它听起来真的像鸡在叫！

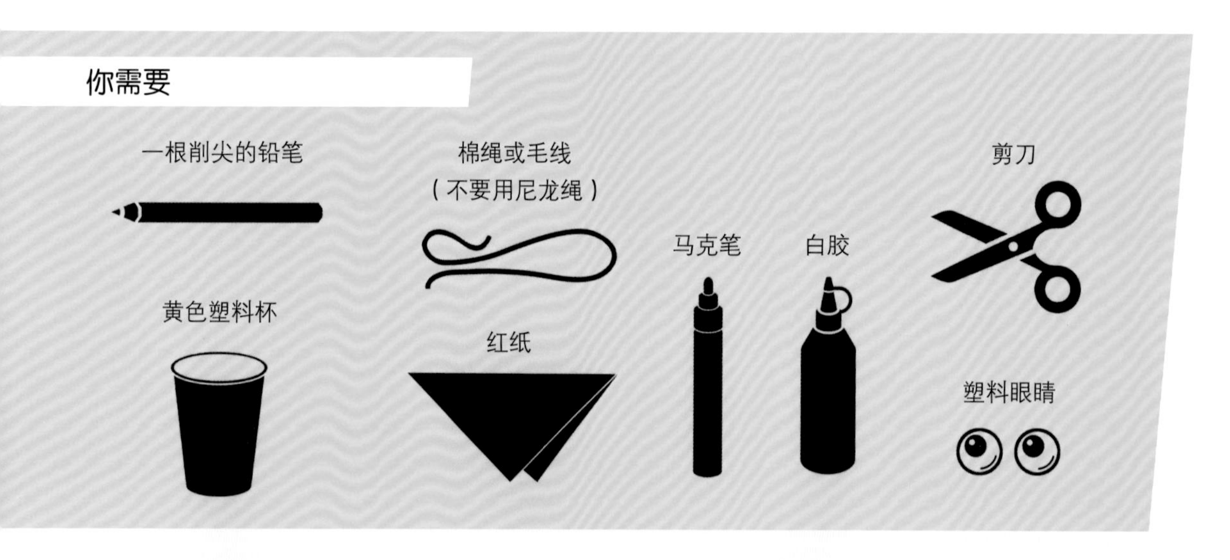

1

用削尖的铅笔在塑料杯的底部戳两个小孔。

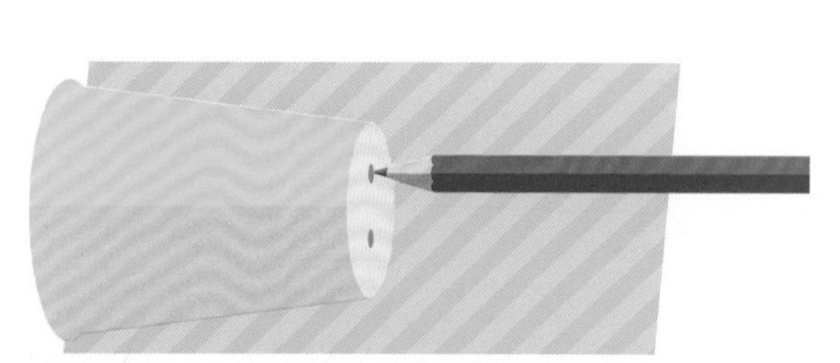

2

在棉绳的一端系一个结。将棉绳的另一端穿过两个小孔，然后系一个结。

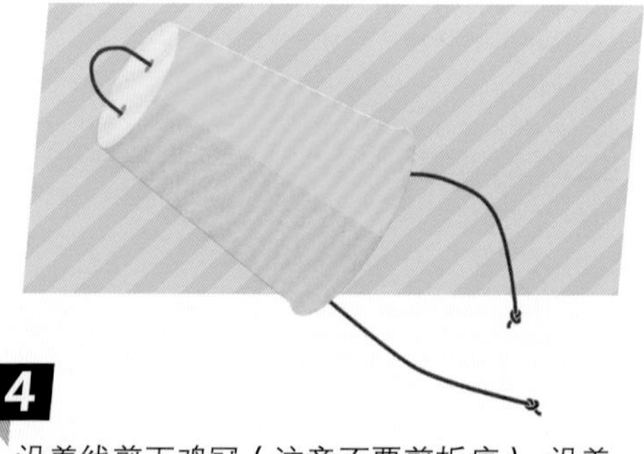

3

将红纸对折，沿着折痕画出鸡的鸡冠和喙，如图所示。

4

沿着线剪下鸡冠（注意不要剪折痕）。沿着折痕涂上胶水，将鸡冠粘在塑料杯的底部。

5

用同样的方式剪下鸡喙，将其展开，将折痕粘在塑料杯的正面，再粘上两只塑料眼睛。

6

用一只手将塑料杯举起，将另一只手的手指蘸湿，然后紧握塑料杯下面的棉绳，以小幅度但急剧的动作猛拉棉绳。你会听到逼真的咯咯声，就像一只真的鸡在叫！

如果你没有听到咯咯声，试着在你的手指间握一点湿海绵，然后猛拉棉绳。

科学知识：
共鸣板

手指的动作使得绳子产生振动，振动沿着绳子传导，被空杯子放大，空杯子起到共鸣板的作用。（如果将杯口盖住，绳子的振动就几乎是安静的，也就是没有声音。）钢琴和吉他用的是木质共鸣板，用同样的原理使声音变得更响亮。

巧克力画

巧克力的状态会根据温度的不同发生变化，熔化后的巧克力非常美味。一起来尝试用巧克力画画吧！

你需要

黑巧克力和白巧克力各 200 克

两只小的搅拌碗

水壶

两只小平底锅

两个汤匙

扁平的黄油刀或铲刀

烤盘

锡箔纸

两个可密封的三明治袋

剪刀

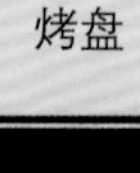
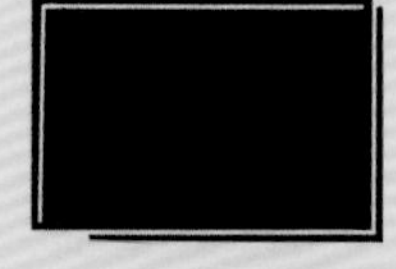

1

将两种巧克力掰碎，分别放在搅拌碗里。

2

请大人烧开一壶水，在两个平底锅里各倒半锅水。然后将两只装着巧克力的碗分别放在两个平底锅上。

3

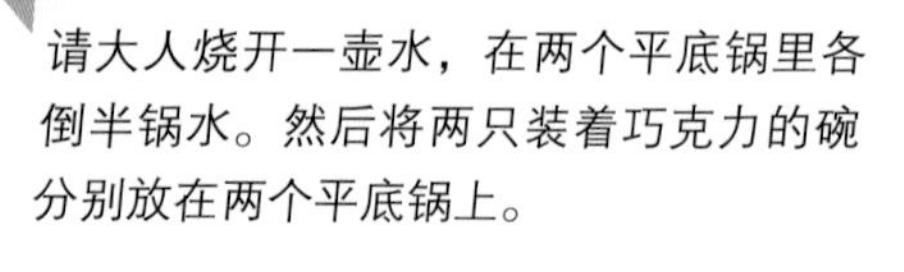

五分钟后，巧克力开始缓慢熔化。用勺子轻轻地搅拌。

4 将平滑的锡箔纸铺在烤盘上。将熔化的巧克力用勺子分别舀进两个三明治袋，并将袋子密封起来。

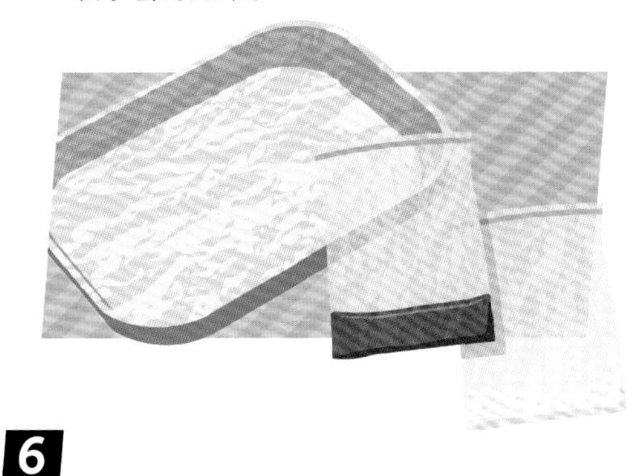

5 将巧克力挤到袋子的一角，然后剪掉这个角的尖端，使其变成一个洞。这个洞应该尽可能地小。

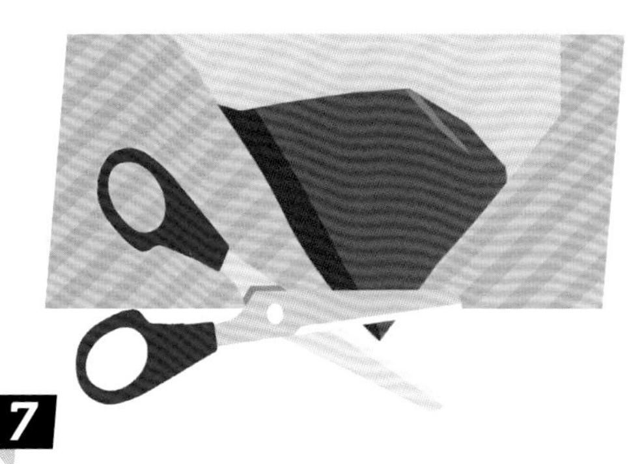

6 现在，你可以将袋子当作画笔，在锡箔纸上画画，写字母或数字。笔画要细小。

7 将你的画在低温的地方放置约一个小时。凝固后，用扁平的刀将它们从锡箔纸上铲下来。

科学知识：熔化和凝固

当温度升高时，巧克力熔化（变为液体）；当温度降低时，巧克力凝固（重新变为固体）。这是因为巧克力是由总在运动的分子构成的。当分子受热时，它们移动并彼此分开，变成液态；当分子遇冷时，它们则较少移动，形成固态。巧克力在35℃时会熔化。巧克力会在你的嘴里熔化，是因为人嘴巴里的温度是37℃，比巧克力熔化的温度高一点。

DIY 冰激凌

你讨厌冰激凌，对吗？你对怎么在袋子里做冰激凌并不感兴趣？想想看！

1

将大的冷藏袋放在旧桌布上，装半袋冰块然后用标准量匙加入半量匙盐。

2

量杯中倒入半杯牛奶，然后加入糖和香草精。

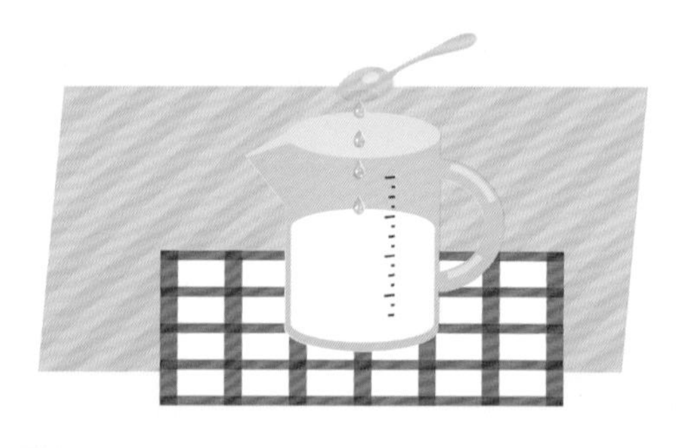

3

将小的冷藏袋放入碗中（防止弄洒），将量杯中的牛奶倒入袋子里。

将小的冷藏袋小心地密封起来，然后将其放入大的冷藏袋里。

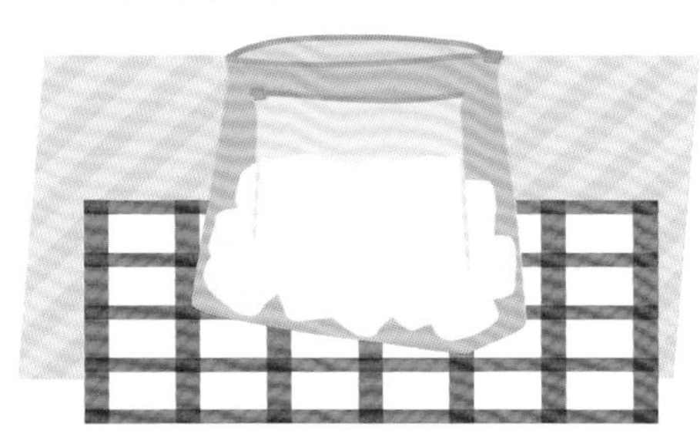

5

确保大的冷藏袋密封好，然后摇晃 10 分钟，制作浓稠而美味的冰激凌。

科学知识：

温度

如果不往冰块里加盐，那么冰激凌可能无法制作成功，因为温度不够低。加入盐会导致温度急剧下降。当冰和盐融化时，吸收了牛奶 / 糖 / 香草精混合物的热量，使其凝固，变成冰激凌！

如果冰激凌没有凝固（而且你的胳膊已经摇得酸痛了），试试往装冰块的袋子里再加一勺盐。

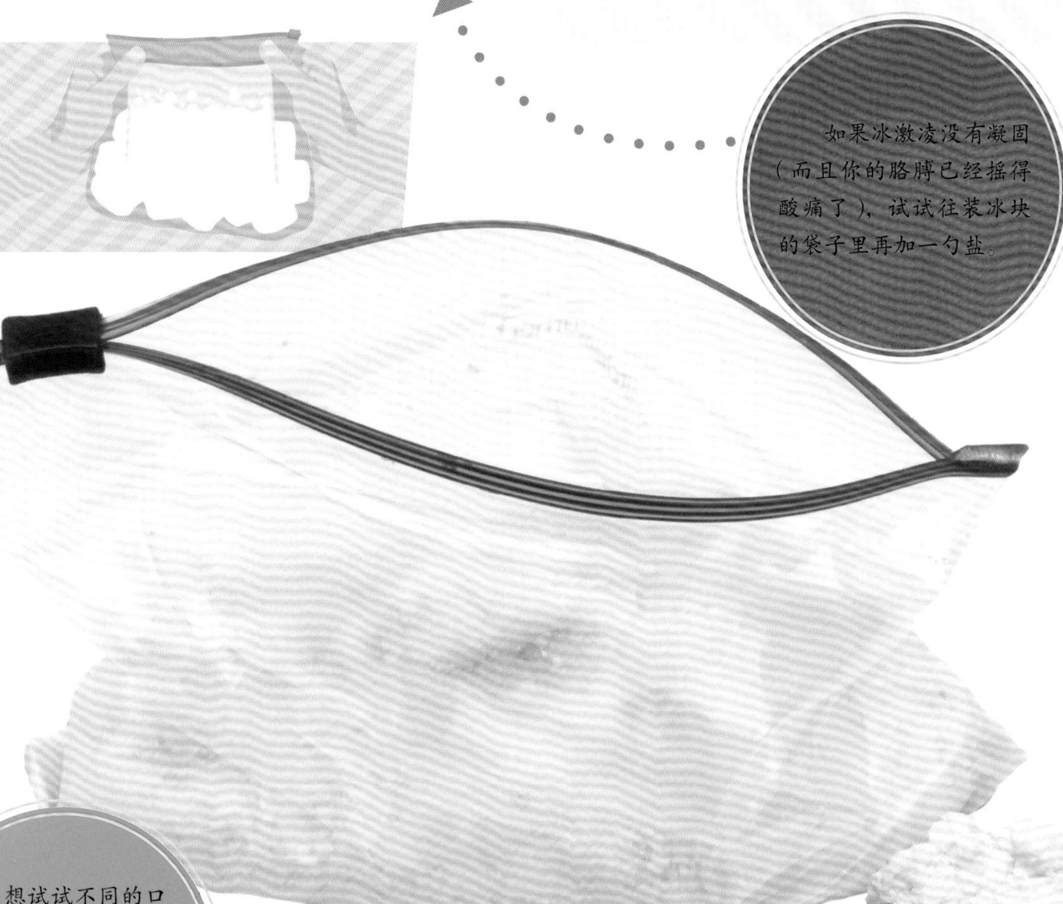

想试试不同的口味？只须往混合物里加入一大勺筛过的可可粉，即可做成巧克力冰激凌。

醋火山

是时候来为大家展现令人惊叹的火山爆发了！虽然这只是一座微型火山，但爆发效果极好，做起来也非常容易。

1

将旧桌布铺在桌子上，然后拿一个空的塑料瓶，用胶带把塑料瓶固定在厚卡片上。

2

把报纸揉成一团，用胶带将其固定在瓶子周围，做成火山的形状。

3

将白胶和水以 2:1 的比例混合在一起。把报纸撕成条浸入其中，然后贴在瓶子上。将火山放置一晚，待其干燥，然后在火山上涂颜料。

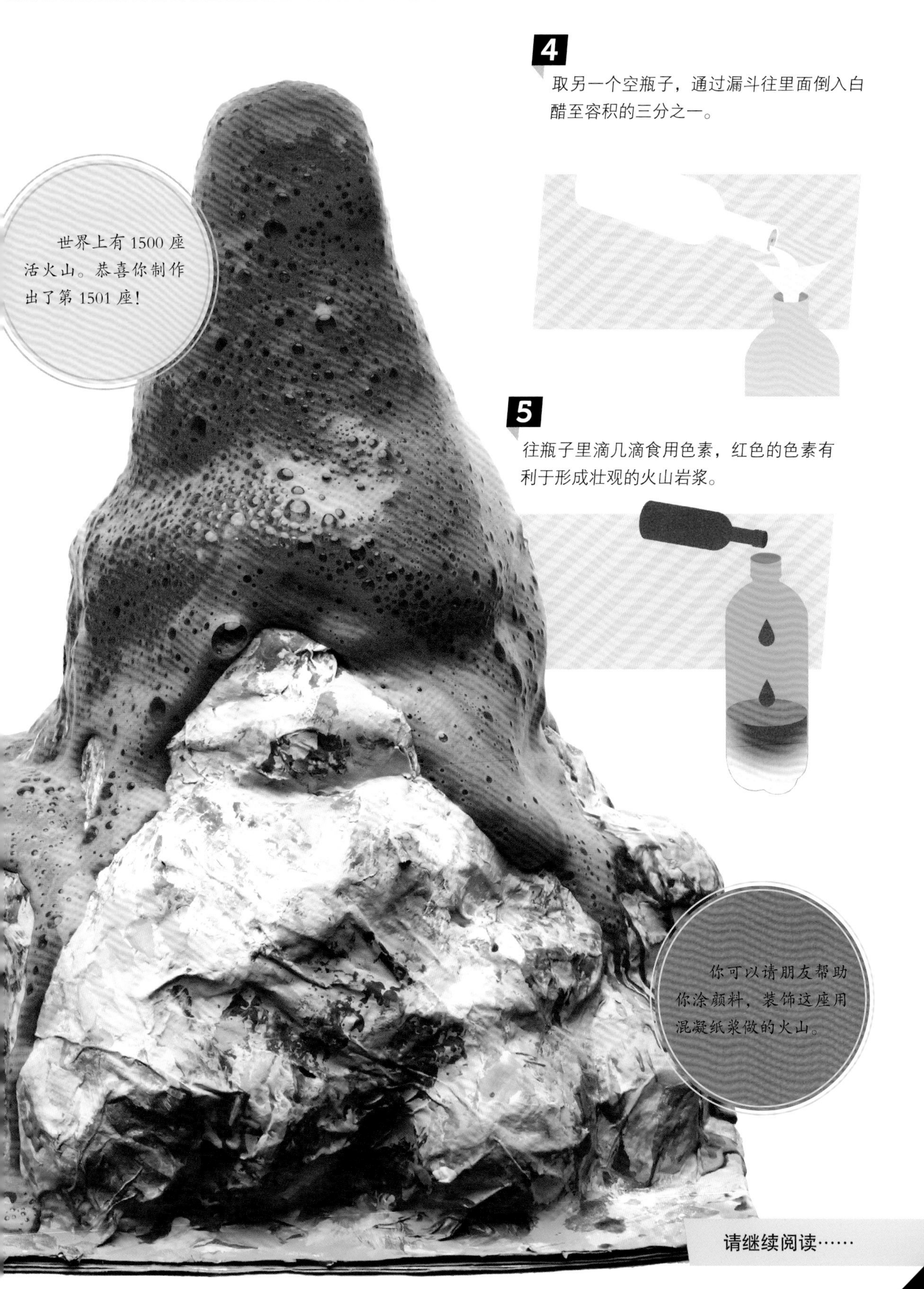

4

取另一个空瓶子，通过漏斗往里面倒入白醋至容积的三分之一。

5

往瓶子里滴几滴食用色素，红色的色素有利于形成壮观的火山岩浆。

世界上有1500座活火山。恭喜你制作出了第1501座！

你可以请朋友帮助你涂颜料，装饰这座用混凝纸浆做的火山。

请继续阅读……

6

在变了色的醋里加入几滴洗涤剂。

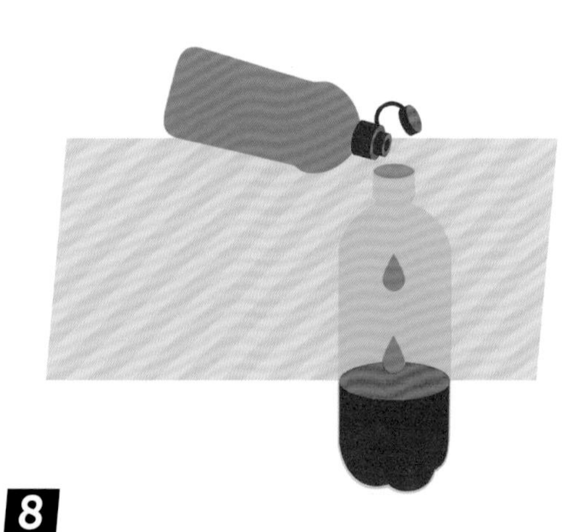

7

用量匙和干燥的漏斗将小苏打倒入藏在火山内部的瓶子里。

8

接下来，快速将醋的混合物倒入藏在火山内部的瓶子里。

9

几秒钟后，你的火山就会爆发了，“火山岩浆”喷涌得到处都是。

科学知识：
酸性反应

小苏打是一种名叫碳酸氢钠的化合物。醋是一种酸。当这两种物质接触时会发生化学反应，产生二氧化碳（所以才会冒泡）。为什么要用洗涤剂？混合液中的洗涤剂有助于捕捉二氧化碳制造的气泡，让你的“火山岩浆”更具效果。

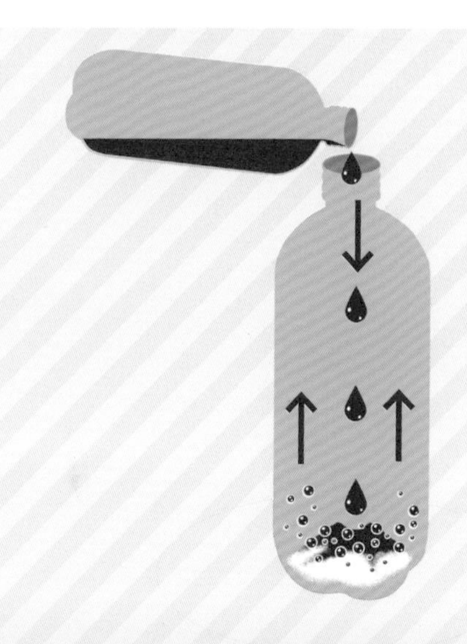

荧光果冻

这个会发光的餐后甜点在节日将会大受欢迎，但你不需要等到那时候。关上灯享受它的美味吧！

你需要

- 量杯
- 明胶片
- 285 毫升热水
- 勺子
- 285 毫升汤力汽水
- 捣碎的香蕉泥
- 两个干净的塑料杯
- 糖或巧克力碎（备选）
- 黑光灯（也叫 UV 灯或者紫外线灯）

警告：一定不要直视黑光灯的灯光，它会对你的眼睛产生严重的损害。最好有大人在一旁监护。

1

将明胶片放入量杯，并请大人帮忙倒入285毫升热水。

用勺子搅拌，直到明胶片溶解。

3

接下来，加入285毫升的汤力汽水。

4

再次搅拌，使各种物质混合均匀，然后将其分别倒入两个干净的塑料杯中。

5

将两杯果冻放入冰箱等待其凝固。可以轻轻摇动杯子检查果冻是否凝固。舀一些香蕉泥放在果冻上。

不喜欢香蕉？不用担心，你可以用任何你喜欢的水果，例如草莓或者一片猕猴桃。

6

再倒入一些巧克力碎，这样就大功告成了。巧克力碎的甜味可以“消除”汤力汽水略微的辛辣味。

7

最后，关掉房间的灯，打开黑光灯。从杯子后面照射，你会看到你的果冻在黑暗中发出荧光。最好的是，你可以吃掉你的创作成果！

科学知识：
荧光物体和紫外线

好了，现在说说到底发生了什么。我们周围充斥着一种叫作电磁光谱的东西，有一部分是我们可以看见的，例如可见光；还有一部分是我们看不见的，例如无线电波、微波和紫外线。

当黑光灯（紫外线灯）照射在果冻上时，就“激活”了汤力汽水中的奎宁。奎宁能吸收人眼看不到的紫外线，辐射出我们可以看见的普通的光。关掉黑光灯，你会发现杯子不发光了，因为光线一旦消失，果冻内部发生的反应也就停止了。

弹珠乳酪

没有什么比得上新鲜出炉的黄油吐司。如果你准备挽起袖子露一手，那就试试自制黄油吧！

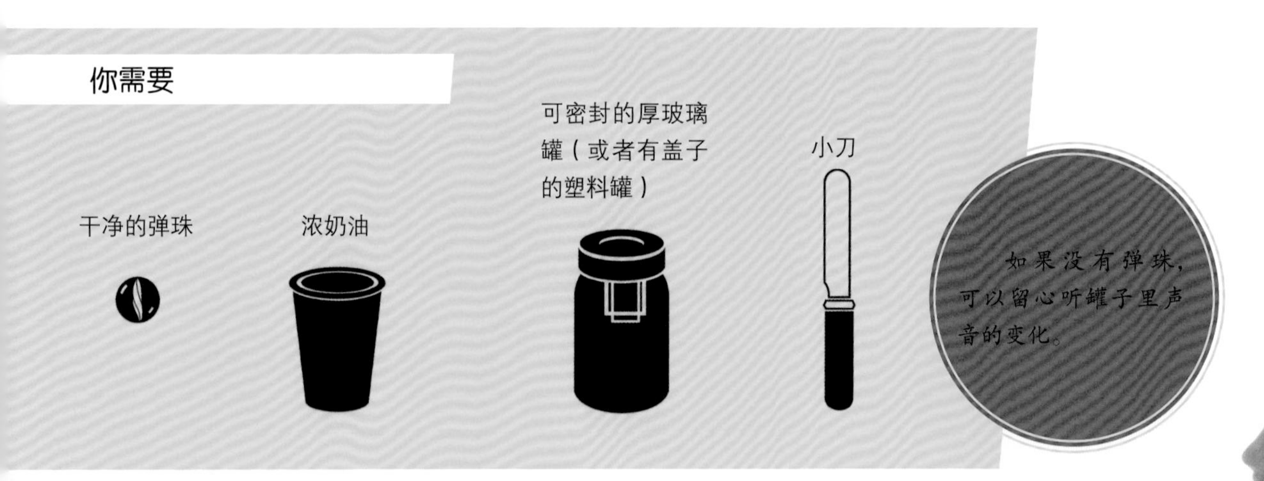

1

小心地将弹珠放入厚玻璃罐（或塑料罐）中。不要用薄玻璃罐，以防玻璃碎裂。

2

往厚玻璃罐中倒入浓奶油至罐子容积的一半或三分之二。

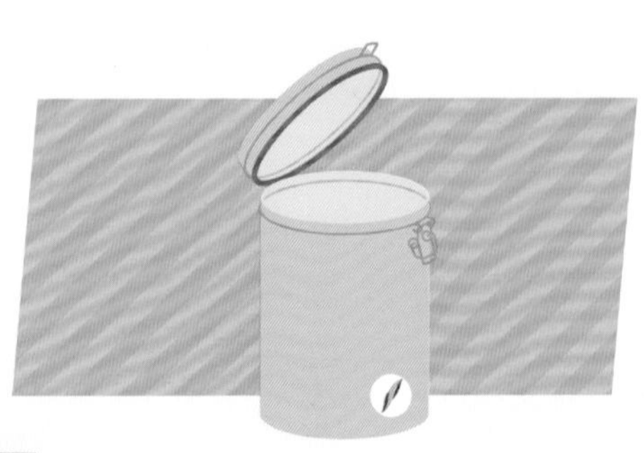

3

紧紧地封上盖子，然后反复地摇晃罐子。

4

当弹珠不再发出声音时，你会得到更浓稠的奶油，但这还不是黄油！继续摇晃罐子，直到你听到液态的酪乳在罐子里晃动。

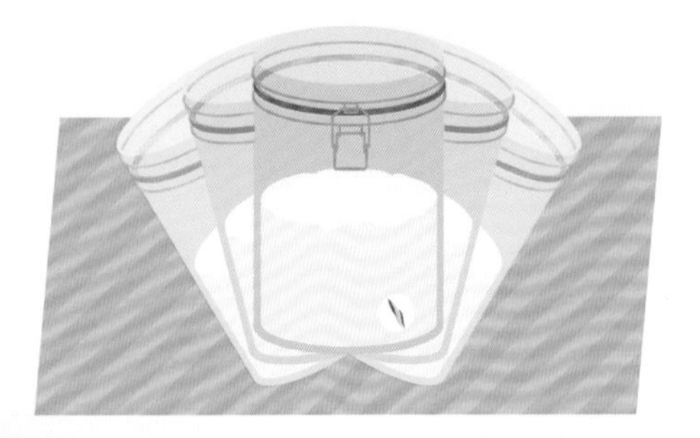

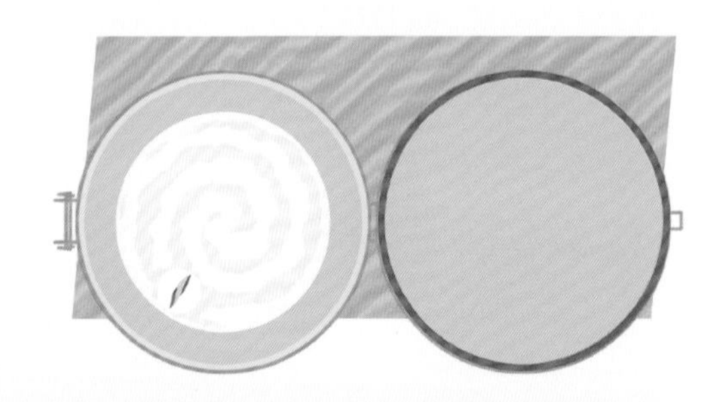

5

倒掉酪乳，用小刀挖出罐子里的黄油涂在吐司片上。嗯……美味极了！

科学知识：乳浊液的性能

浓奶油被科学家称为乳浊液，其中脂肪以脂肪球的形式分散于水中。当你摇晃罐子时，就破坏了包围着脂肪球的膜，让彼此孤立的脂肪球结合，形成更大的滴状物。然后继续撞击，滴状物越来越大。最后，你会得到一团脂肪（黄油）和一些液态酪乳。

自制黄油不含盐、添加剂或防腐剂，所以吃起来会和从商店里买的黄油不太一样，而且它只能保存几天，即使放在冰箱里也是如此。

完美的手捏陶碗

常常幻想自己是一个大师级的手艺人？现在你可以通过制作这个简单的陶碗来证明自己了。

你需要

1

首先，用双手手掌将软陶泥揉成球。因为你要做一个能放钥匙或者硬币的小陶碗，所以软陶泥球在你手掌上的大小应该如图所示。

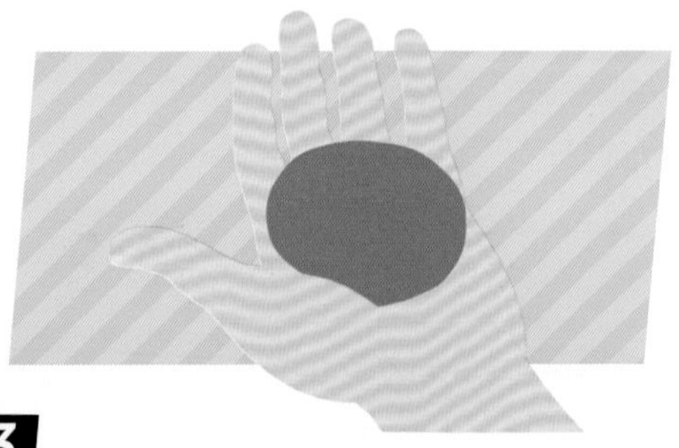

2

接下来，用大拇指压凹软陶泥球的中央，但不要压到底，否则你将会得到一个甜甜圈形状的东西。

3

现在用两个大拇指将你刚才压出的洞拓宽一点。

4

继续按压，直到它看起来像碗的形状。

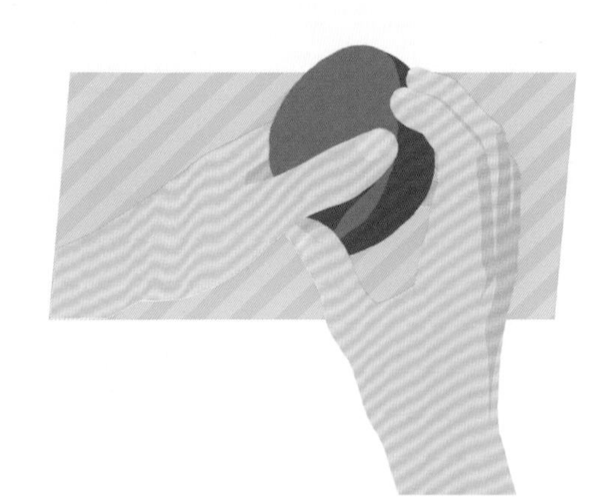

5

将陶碗晾两个小时，待其变得像皮革一样坚韧，但仍能被造型。然后用手指抹平陶碗上隆起的地方。

6

现在，让陶碗完全干燥，直到它摸上去感觉凉凉的，像粉笔一样。

阅读软陶泥包装上的说明，不同的软陶泥烘干时间和烤箱温度可能有所不同。

7

将烤箱预热到 135℃。将陶碗放在烤盘上，请大人将烤盘放入烤箱内。每 6 毫米厚的软陶需要烘烤 20 分钟。

8

请大人从烤箱内取出陶碗。待其冷却，然后在陶碗上涂色。等颜料干燥，将白胶与一滴水混合，涂在陶碗表面封层。

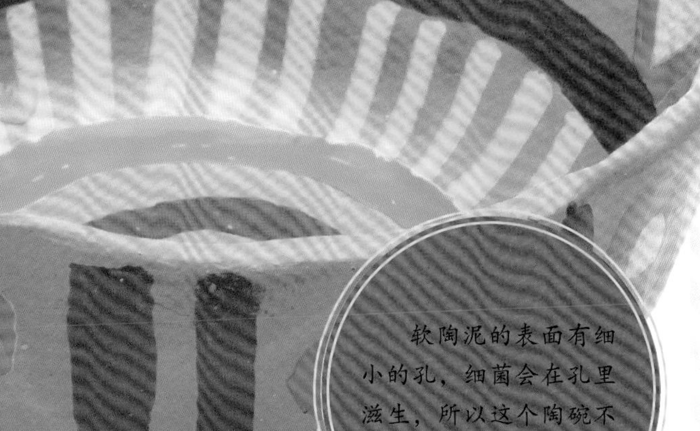

软陶泥的表面有细小的孔，细菌会在孔里滋生，所以这个陶碗不能用于吃饭或者喝水。

科学知识：蒸发

自然界的黏土由硅酸铝的微粒与水混合而成。当黏土被加热到 500℃，黏土中水分蒸发，使得粒子更紧密地结合在一起。黏土略微收缩，成为陶器。软陶泥由聚氯乙烯（PVC）微粒与增塑剂混合而成，增塑剂使其变得柔韧有弹性。将软陶泥放入烤箱，使得增塑剂发生变化，PVC 的微粒更紧密地结合在一起，陶碗也因此变硬。

超级大泡泡

你只需要做一个吹泡泡棒，就能像吹小泡泡一样，轻松吹出巨大的泡泡。

1

将绳子的一端穿过木勺勺柄顶端的孔，并打一个结。

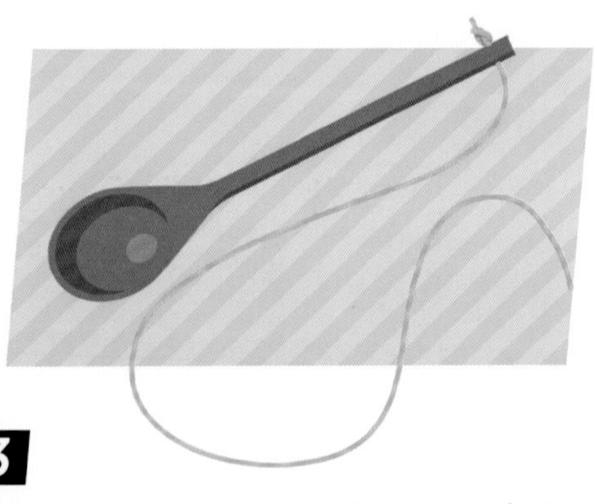

2

然后，将绳子的另一端穿过钥匙的孔。

3

将钥匙移动到与木勺的距离为绳子长度的三分之一处。

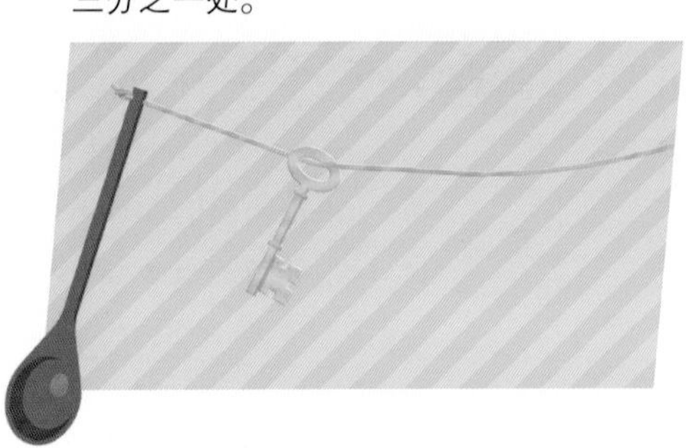

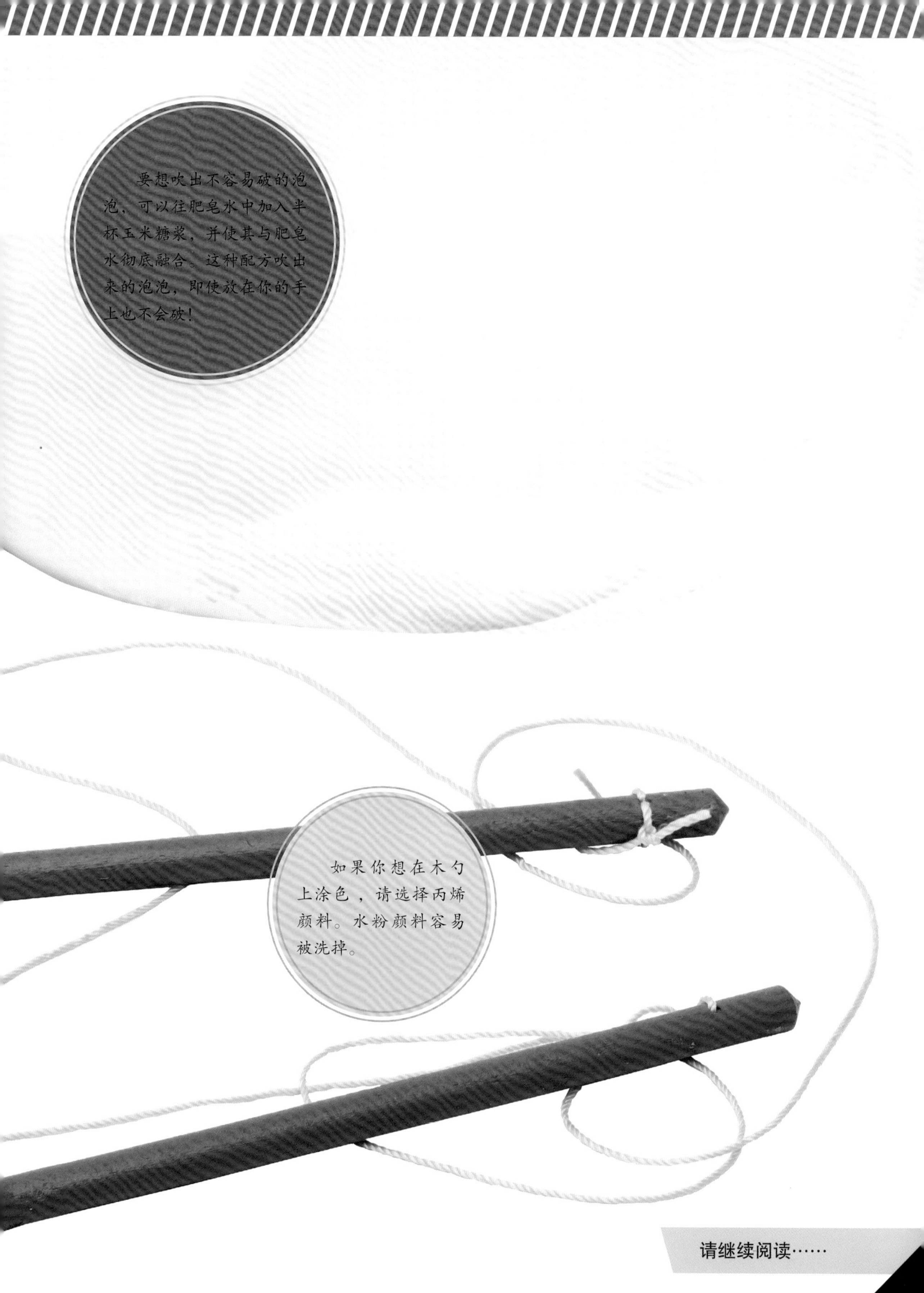
要想吹出不容易破的泡泡，可以往肥皂水中加入半杯玉米糖浆，并使其与肥皂水彻底融合。这种配方吹出来的泡泡，即使放在你的手上也不会破！
如果你想在木勺上涂色，请选择丙烯颜料。水粉颜料容易被洗掉。

请继续阅读……

4

将绳子没有打结的那一端穿过第二把木勺的孔。将这把木勺移至整根绳子长度三分之二的位置。

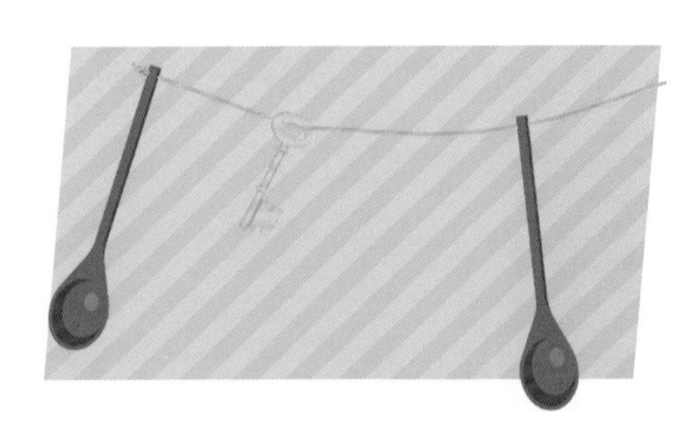

5

将穿过第二把木勺的绳子打一个结。举起两把木勺，钥匙位于底部，整根绳子呈“V”字形。

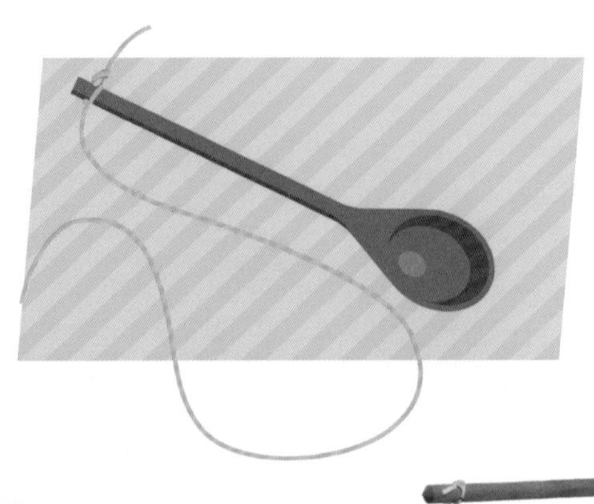

6

绳子剩余的三分之一悬在第二把木勺柄上。将这部分的末端系在第一把木勺的柄上。

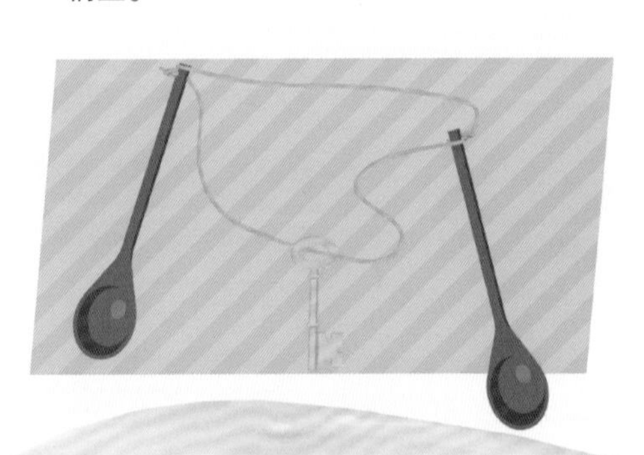

7

当你打完最后一个结，双手举起两把木勺，绳子会变成等边三角形。

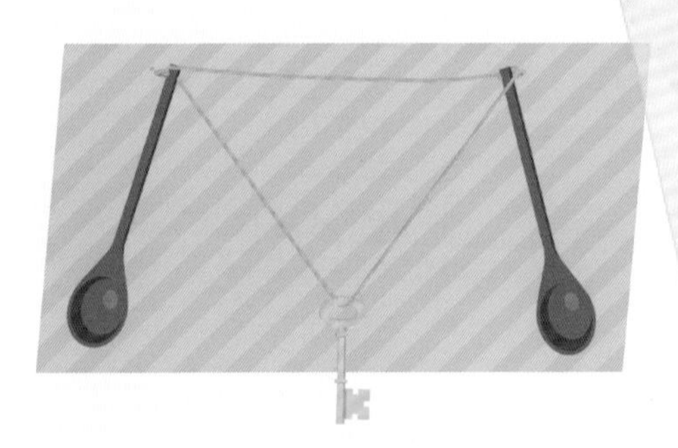

尝试用软的金属线或管子做一个正方形的泡泡棒。将它浸泡在肥皂水中，然后吹气。看吹出的泡泡是方的还是圆的。信不信，泡泡一旦形成，就会变成完美的圆——泡泡总是这样！

8

将钥匙、绳子和木勺勺柄的顶端多次浸入肥皂水中，而木勺留在外面。

9

现在举起泡泡棒，缓慢倒退，就能吹出巨大的泡泡。也可以向前走，吹出小一点的泡泡。

科学知识：表面张力

水的表面张力足以让一些昆虫在上面“散步”，但还不足以形成泡泡。加入肥皂液增加表面张力，让水变得更加“有弹性”，以便形成泡泡，把空气包进去。泡泡总是试图占据它所能占据的最小的空间，同时把空气保留在内部，因此泡泡的天然形状就是球形的。

玻璃花园

把植物放进玻璃罐，它们就会自行生长，是不是很神奇？

你需要

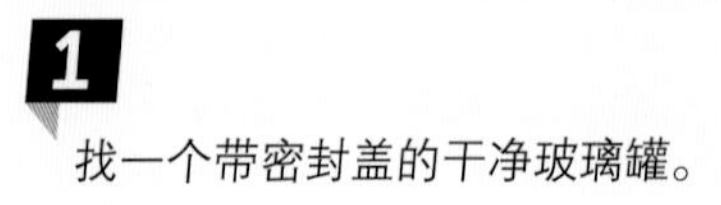

1

找一个带密封盖的干净玻璃罐。

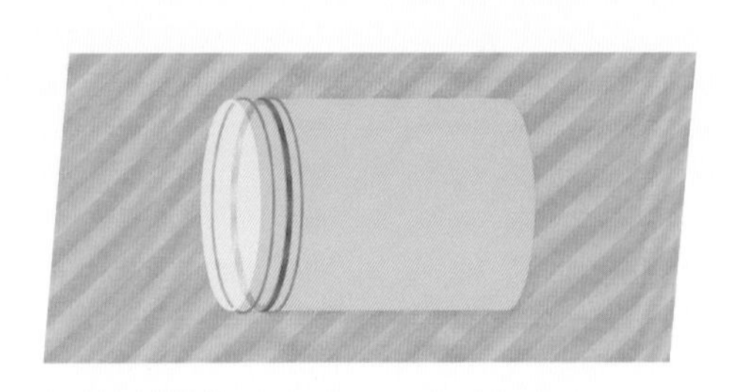

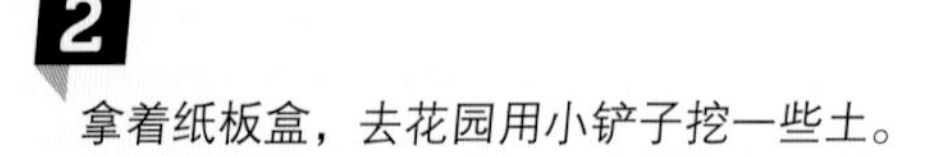

2

拿着纸板盒，去花园用小铲子挖一些土。

除非你和一个知道野生植物用途的大人在一起，否则最好不要采集野生植物，以防它们是受法律保护，或者是有毒的。

3

在花园里采集一些小型植物（当然也可以买一些），一定要连同根部一起挖出来。

适合的植物：

选择那些需要光照但不需要太阳光直射的林地植物。生长缓慢的小型植物是最合适的。不要采开花的植物。

蜘蛛蕨类植物
常春藤
铁线蕨
苔藓
姬凤梨
伸筋草
美人草

请继续阅读……

4

选择不同种类的植物，将玻璃花园装点得更加丰富多彩（见第53页）。

5

苔藓很适合你的花园，别忘记采集一些。

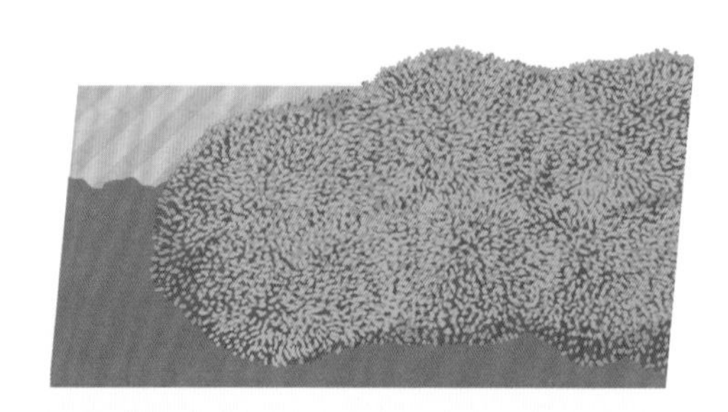

6

最后，找一两块木头来增加花园的多样性。

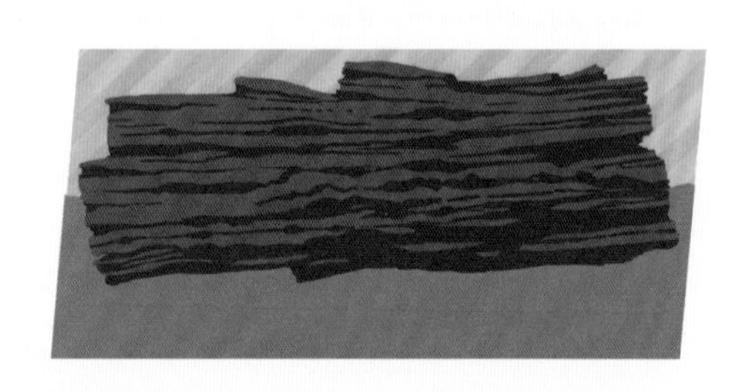

7

用水清洗玻璃罐，然后擦干。

8

将玻璃罐侧着放倒，然后在侧面的底部铺上小石子。

9

在小石子上撒一些土，记住触摸土之后要洗手。

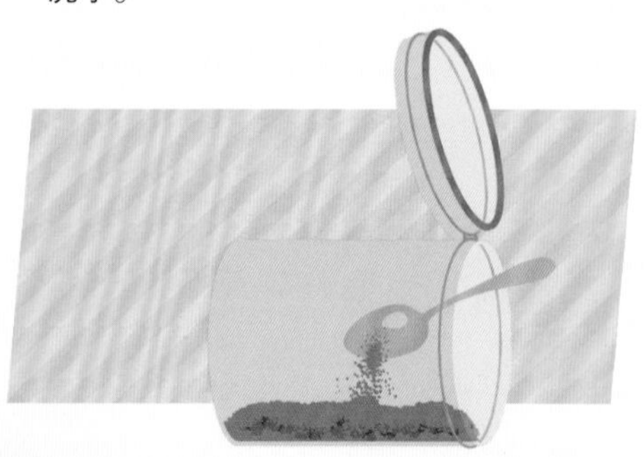

在玻璃罐侧面的底部铺上小石子能够增强排水性，使得你的植物更健康。

10

给植物和木头喷水，使其湿润。

11

将木头放入玻璃罐内，然后用镊子将植物插在玻璃罐内的土壤中。

12

布置完植物后，盖上盖子。将玻璃罐置于光线好的地方，但不要置于太阳光能直射到的地方，否则玻璃罐温度会变得过高。你的玻璃花园就大功告成了！

科学知识：

生态瓶

玻璃花园又被称为“生态瓶”，它是一个有可以自主循环的密封生态系统，就像微型地球一样。植物和土壤释放水蒸气，水蒸气在玻璃表面凝结。聚成水珠后滴落，回归到土壤中。这很像发生在真实世界中的水循环。

白天，植物吸收太阳光和二氧化碳，通过光合作用产生氧气。晚上，天黑下来，它们就开始呼吸作用，吸收氧气并释放二氧化碳。由此保证你的玻璃花园健康运转。

上面有星星

这个简单的“制作”能够让你躺在床上享受一个满天星光的夜晚！

你需要

卡片
钢笔或者铅笔
圆规
硬纸管
智能手机或照明良好的单灯泡手电筒
手工泡沫纸
图钉
剪刀
胶带

1

取 16 张卡片，用圆规在每张卡片上画圆圈。确保这些圆比硬纸管底部的圆略微大一些。

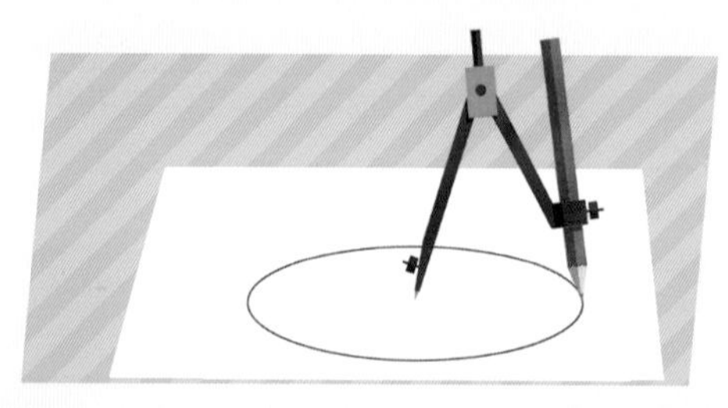

2

然后，在卡片上的圆圈内印上星座。在卡片的背面写上这些星座的名字。

3

将卡片放在手工泡沫纸上，用图钉刺穿卡片上的每一颗星星。

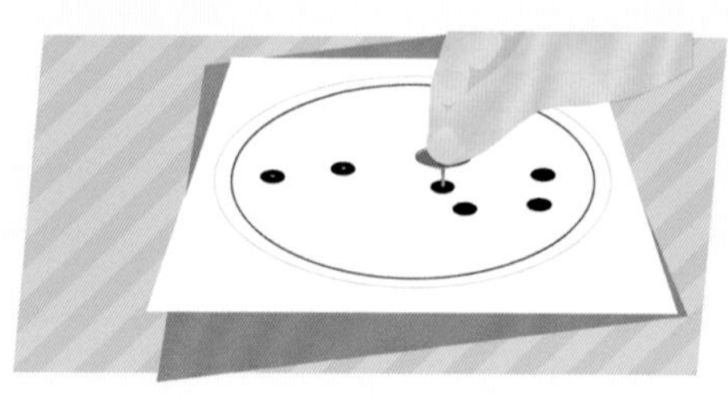

大熊座
天蝎座
猎户座
金牛座
飞马座
小熊座
仙后座
双鱼座

4

剪下卡片上的圆。用胶带将卡片粘在硬纸管的一端，写有星座名字的一面露在外面。

5

将硬纸管的另一端粘在智能手机闪光灯或手电筒上。现在，对着天花板，打开开关，就可以看到星星了。

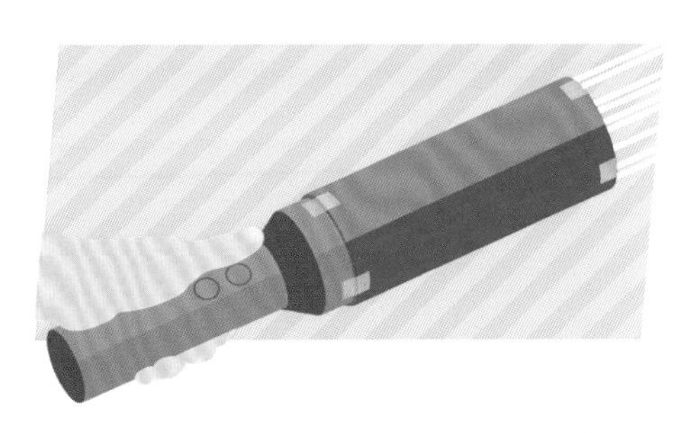

6

为了取得最佳的视觉效果，关掉卧室的灯，拉上窗帘，这样一来天花板上的星星就会更明亮。

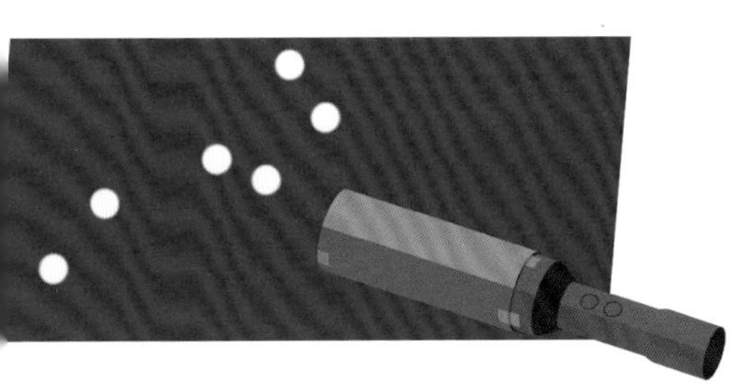

科学知识：

星座

天文学是研究行星、卫星和恒星等天体的学科。人类研究天文学已经有几千年的历史了。星座是天文学的重要组成部分，星座一共有 88 个。任何时候，你仅能看到星座中的一部分，在南半球也只能看到一部分。

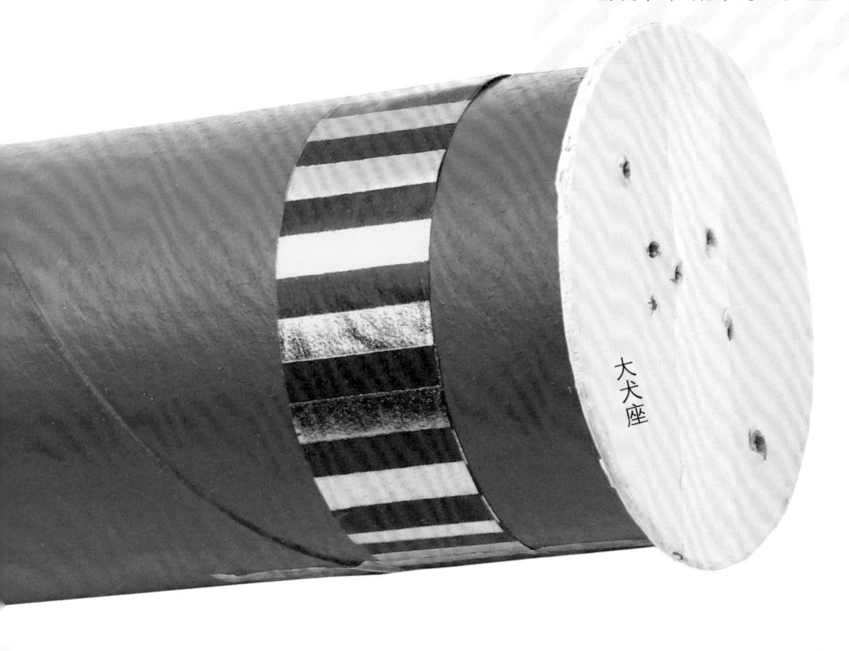

狮子座 人马座 双子座 牧夫座 天鹅座 英仙座 大犬座 武仙座

流沙黏黏怪

它是固体吗，它是液体吗，还是两者都是？不管它是什么，做起来都非常有趣。

如果你想制作令人毛骨悚然的万圣节流沙黏黏怪，就用黑色食用色素！然后让你的朋友把手插进去，看看会发生什么！

你需要

一包玉米淀粉

一个大碗

水（用量为玉米淀粉的一半）

黄色食用色素

剪刀（备选）

胶带（备选）

手工泡沫纸（备选）

1 把玉米淀粉倒入碗中。

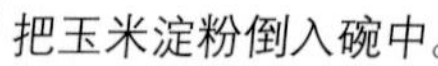

2 倒入水，水量为玉米淀粉的一半。如果你用了 200 克的玉米淀粉，那就倒 100 毫升的水。

3 用手揉匀玉米淀粉和水。如果不够黏，就再加一点水。

4 加入几滴黄色食用色素，继续揉。

5 几分钟后，你会得到一团滑溜溜、黏糊糊的混合物，看起来非常诡异！

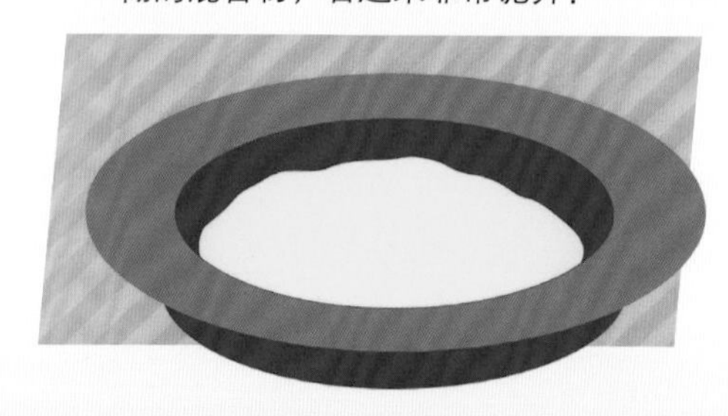

6

试试用双手将混合物揉成一个球。继续揉捏，它就会变成固体。

7

一旦你停止揉捏，它就会变为液体，从你的指缝间流下去。太神奇了！

科学知识：
黏性

黏性用来描述液体的浓稠度和粘手程度。水的黏性弱，而糖蜜的黏性很强。通常来说，黏性物体要么是固体，要么是液体，但你的流沙黏黏怪可以在这两者之间转换，这取决于其承受的压力。这就是为什么只要你继续揉捏，它就可以保持球状；停止揉捏，它就变回了液体。

虫子观察器

你曾经想观察虫子，却发现一不留神它们就逃跑了，对吗？虫子观察器会改变这一切！

你需要

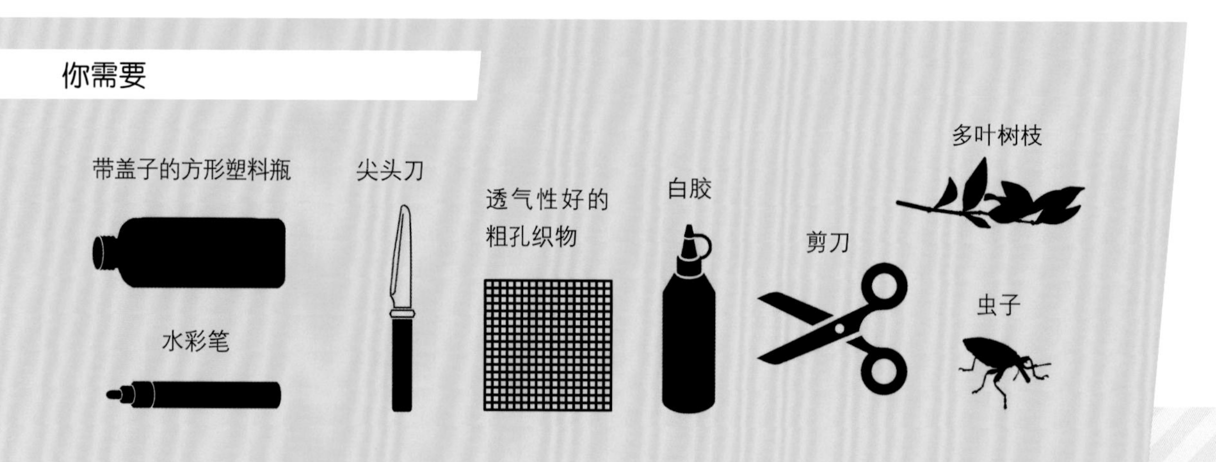

1 清洗塑料瓶，然后擦干。在瓶身上画一个长方形，请求大人用尖头刀把这个长方形切下来。

2 剪一块粗孔织物，盖在长方形孔洞上，并用白胶粘牢。

3 将几枝多叶树枝放入瓶子内，然后小心地捉一只虫子，也放入瓶中。拧上盖子，你就有了专属的虫子观察器了。

科学知识：

观察

观察并把观察的内容记录下来，是科学研究最重要的部分之一。通过观察一只虫子一天的活动，就可以了解虫子真实的生活。

几个小时后，将瓶子中的虫子放回到你发现它的地方，再找一只不同种类的虫子继续研究。

雨尺

知道天上到底下了多少雨吗?
尔需要一把雨尺!

尔需要

当明胶凝固，它会在瓶子底部形成一个平坦的表面，因此你可以更加精确地测量降水量。你也可以往瓶子里倒水，代替明胶，使水的高度达到雨尺的起始刻度。

1

请大人用剪刀小心地剪下塑料瓶上方四分之一的部分。

2

根据包装袋上的说明将明胶片溶解，然后倒入塑料瓶中，覆盖住塑料瓶底部不平坦的部分，等待明胶凝固。

3

将剪下的塑料瓶顶端倒过来，插入瓶身。用曲别针将二者的边缘别在一起。

4

拿一把尺子，将零刻度线与明胶的顶端对齐，在塑料瓶上画下刻度。将你的雨尺放在外面某个你不会忘记的地方，记住不要将明胶长时间浸泡在雨里，否则它会溶解！

科学知识：
测量和预测

从天气预报里得知降水量和亲自测量降水量是完全不同的体验。在一段时间内，每天测量和记录降水量，会让预测天气变化变得更容易。

了不起的鳄梨

你知道植物在无土环境中也能生长吗？来见识一下神奇的鳄梨吧！

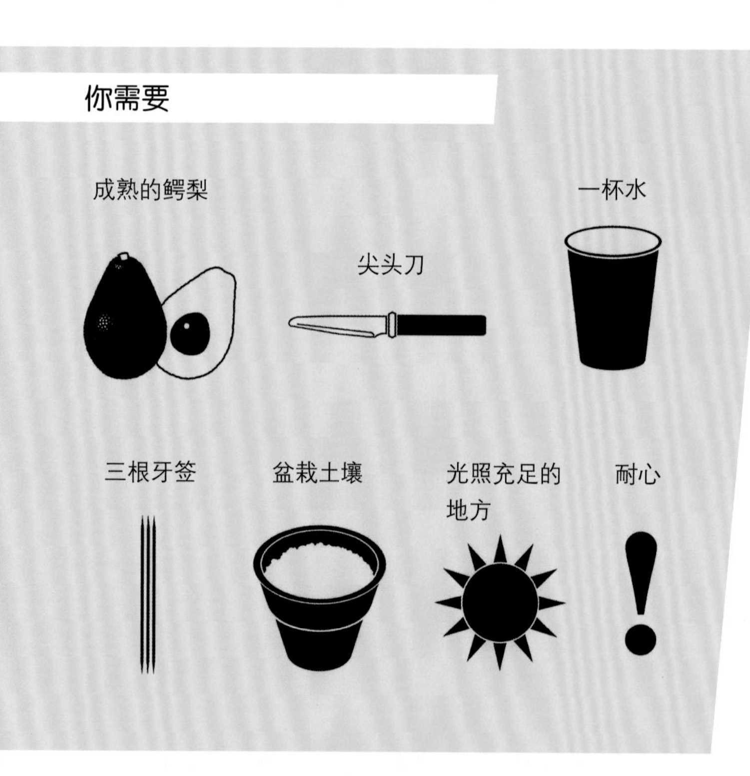

1 请大人将鳄梨小心地切成两半，不要切坏鳄梨核或凹陷的地方。

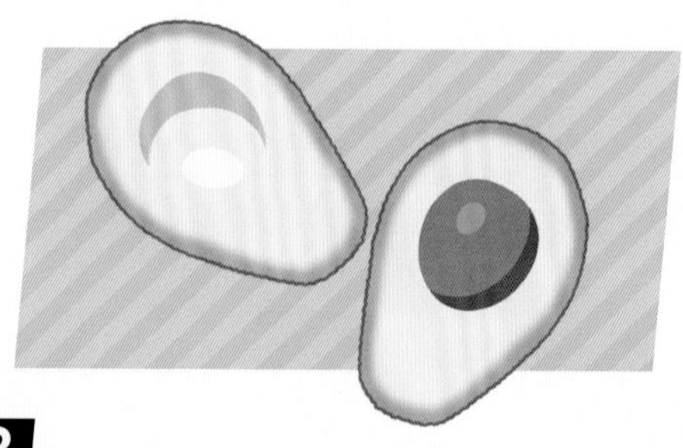

2 将鳄梨核从鳄梨中取出并清洗干净，小心不要损伤褐色的皮。

3 找到鳄梨核的顶端，也就是尖的那一端。如图所示，插上三根牙签。

4 杯子里倒入水，然后放入鳄梨核，利用牙签撑住杯子的边缘，使得鳄梨核平坦的那一端浸入水中。将杯子放在光照充足的地方。

5

大约每五天换一次水。八周之后，鳄梨核的表皮会剥落，并长出一条根。

6

根会继续冒出来，然后核的顶部会长出一根茎。

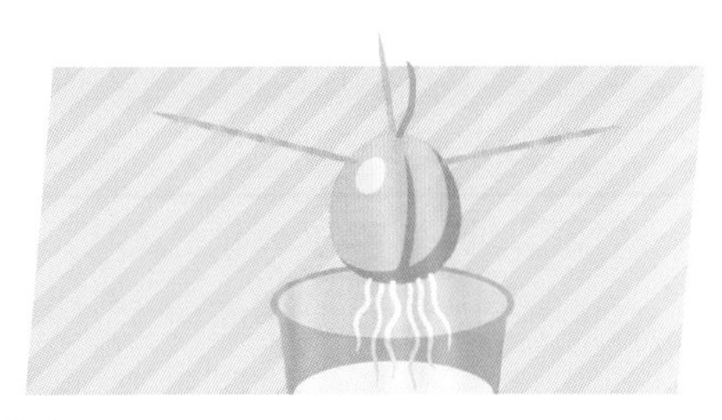

7

当这根茎长到 15 厘米高时，将其剪断，这会刺激植物生长。

8

当茎重新长到 15 厘米高时，把鳄梨核放入带土的盆中。放置在光照充足的地方，并保持土壤湿润。

牙签不会损伤鳄梨核，因为种子周围有一层厚厚的保护层。

科学知识：
植物养分

绝大多数植物是从土壤里开始自己的生命的，土壤提供了植物所需要的全部养分。鳄梨在最初的几周内不需要土壤就能生长，是因为种子周围厚厚的保护层为其提供了养分。

颜色会开花

你看腻了白色的花吗？你想要彩虹色的花吗？当然没问题……

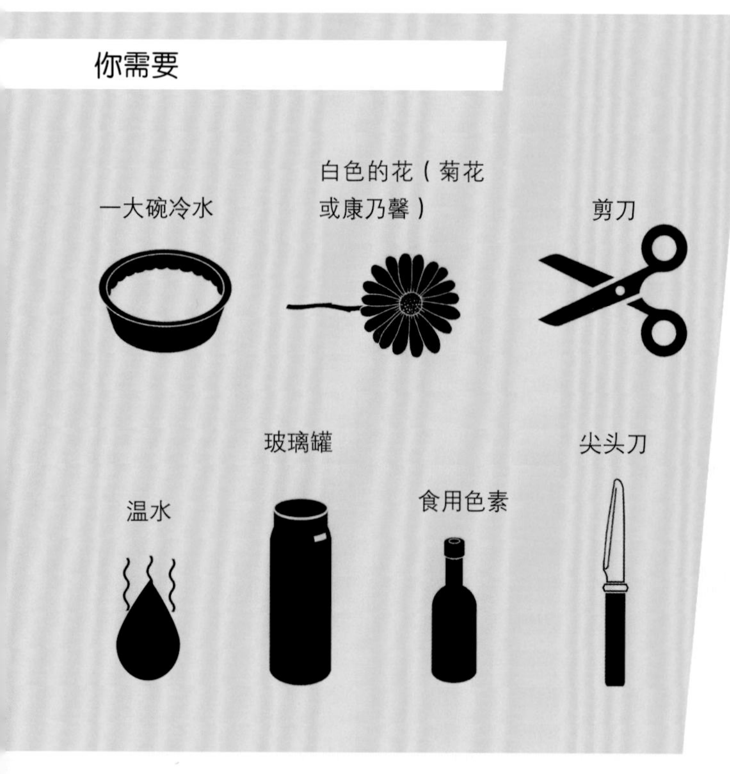

1 将冷水倒入碗中，将花的茎浸入水中，并在水中将花茎底端以 45 度角剪断。

2 往玻璃罐中倒入一些温水。如图所示，加入几滴食用色素，并在每个玻璃罐中插一朵花。

3 将玻璃罐放在光照充足的地方，放置一两天。

4 一两天后，这些花都变成了不同的颜色！

5

你还可以这样做！拿一朵白色的花，请大人小心地将花茎切开，如图所示。

6

将一半花茎放入装有水的玻璃罐中，将另一半花茎放入装有水和红色食用色素的玻璃罐中。

7

两天后，养在红色水中的那半边花变成了红色，而另外半边花仍然是白色！

科学知识：
毛细管作用

随着花瓣上水分的蒸发，植物会从玻璃罐中吸收水分进行补充。水分在植物茎内移动的过程叫作毛细管作用。如果你将一张纸巾的边缘浸入水中，就会看到同样的事情发生，水会沿着纸巾上升，正如在植物的茎内上升一样。水分从根部到达叶子和花瓣的过程叫作蒸腾作用。

海盗汽艇

兄弟们！快来看看怎样把一个普通的塑料瓶变成海盗汽艇吧。

你需要

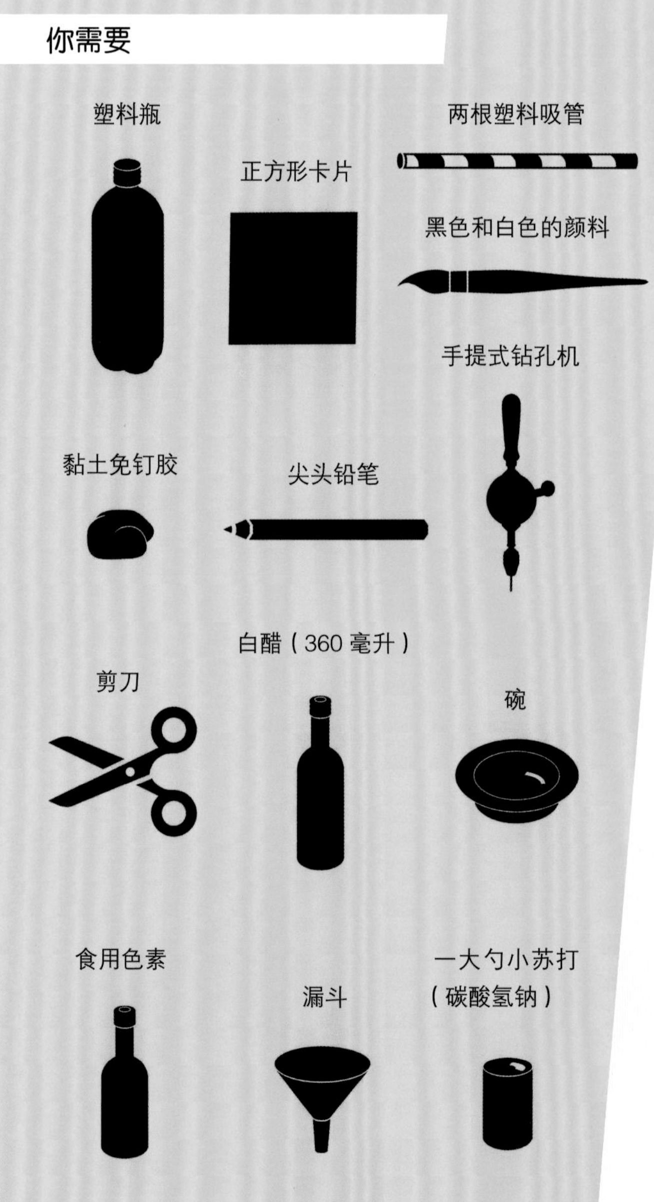

1

将塑料瓶、卡片和一根吸管涂成黑色。待卡片上的颜料变干，在卡片上画一个骷髅头和交叉腿骨的图案。

2

将卡片的一边置于黏土免钉胶上。用铅笔的笔尖在卡片一边的中点处戳一个孔。然后，在对边再戳一个孔。

3

将吸管从卡片上的一个孔穿入，再从另一个孔穿出。用黏土免钉胶将桅杆固定在塑料瓶做的船上。

完成步骤3之后，让你的船漂浮在水上，检查它是否稳固。如果不稳固，试着在塑料瓶中放一些小石子或弹珠，增加它的重量。轻轻摇动船身，使小石子或弹珠均匀散开，然后让船再次漂浮。

4

在瓶盖上钻一个孔（请求大人帮助）。这个孔应该足够大，使得另一根吸管能够穿过。

5

将吸管从中间剪断，一分为二，并将其中一段吸管插在瓶盖上。

请继续阅读……

6

在瓶盖孔的周围，包括瓶盖里外两侧、吸管四周，用黏土免钉胶密封好。

接下来，将白醋倒入碗中，加入 6 滴食用色素并搅动。

8

将漏斗插入瓶口，然后将白醋混合物倒入漏斗中。

9

往瓶中倒入三分之一的水，然后将漏斗重新插入瓶口，加入一大勺小苏打。

10

快速地拧上瓶盖（带着吸管的），将船放入水中。看，船在快速前进！

艾萨克·牛顿（1643—1727）是英国的一位科学家。他因为发现了万有引力定律和运动定律闻名于世。

科学知识：牛顿运动定律

牛顿著名的第三运动定律说：“每一种力都必然有同等大小的反作用力。”白醋和小苏打发生化学反应，形成二氧化碳，产生了大量泡沫。这些泡沫从船尾喷出，将水往后推，使得船只向前移动（反作用力）。

飘浮的圆圈

这是一个奇特的视错觉，看起来好像圆圈真的在它后面的画上移动。

你从哪里开始给长方形涂色都可以，只要每个长方形都由三个正方形组成，除了圆圈的边缘。

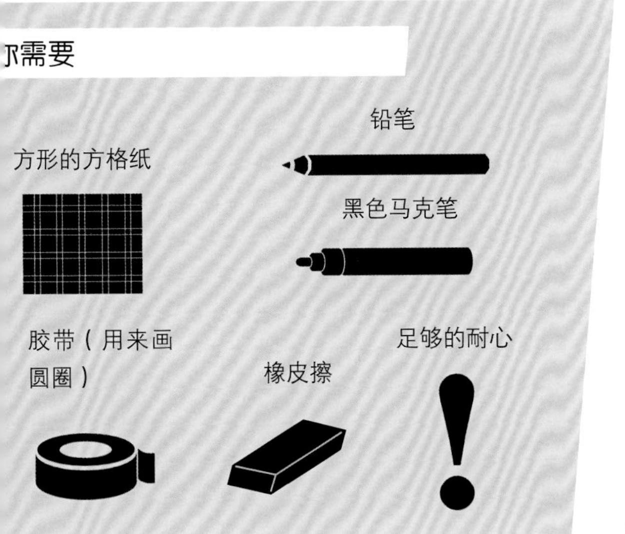

1 将胶带放在方格纸的中央，用铅笔沿着胶带外侧轻轻地画圆。然后用马克笔将圆内的正方形涂成长方形，纵向将三个正方形涂成一个长方形。圆圈边缘处的长方形也要尽量涂满。

2 涂完圆圈内部后，横向将圆圈周围的正方形涂成长方形，然后擦掉圆圈的铅笔线。

3 完成后的画作看上去如下图所示。思考一下，圆圈是怎样浮在纸的其他部分之上的？

科学知识：
大内错觉

这种错觉是由日本艺术家大内初发现和命名的。垂直的长方形和水平的长方形混合，诱使大脑认为圆圈是飘浮在纸上的。如果你用眼角余光去看，或者左右摇动脑袋，这种幻觉会更强烈。

磁悬浮列车

下面将教你如何建造一辆简易的磁悬浮列车，它能够以极快的速度飞跃隧道。

警告：这些磁铁磁力很强，需要大人的监督。不要将磁铁靠近手机或电脑，否则会损坏电子设备。

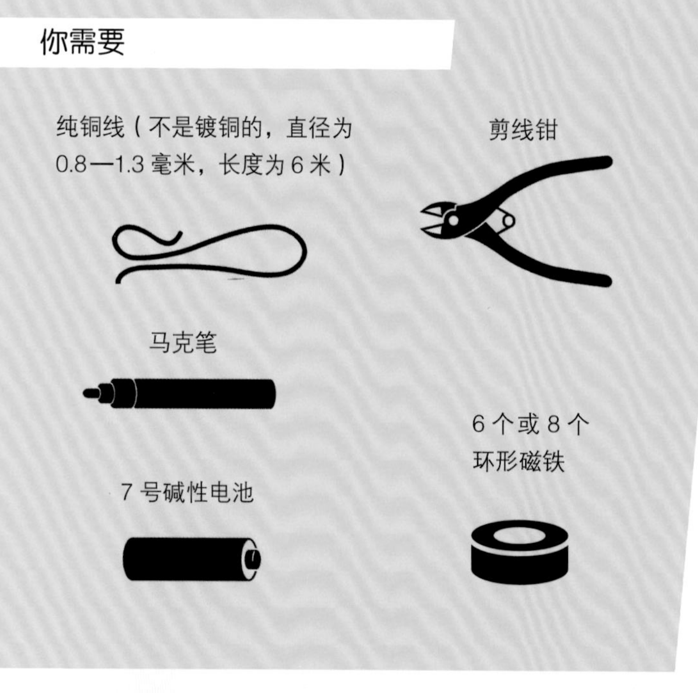

1

先从一个小试验开始，剪下 2 米长的铜线，并将其缠绕在马克笔上。

2

继续缠，直到你做成了一个 20 厘米长的短隧道。剪断铜线的末端，并将马克笔从隧道中取出。

3

接下来，将三个或四个环形磁铁放在一起。重复这一步骤，得到两组同样数量的磁铁块。现在将它们放在合适的位置，使得你能感受到它们彼此排斥。

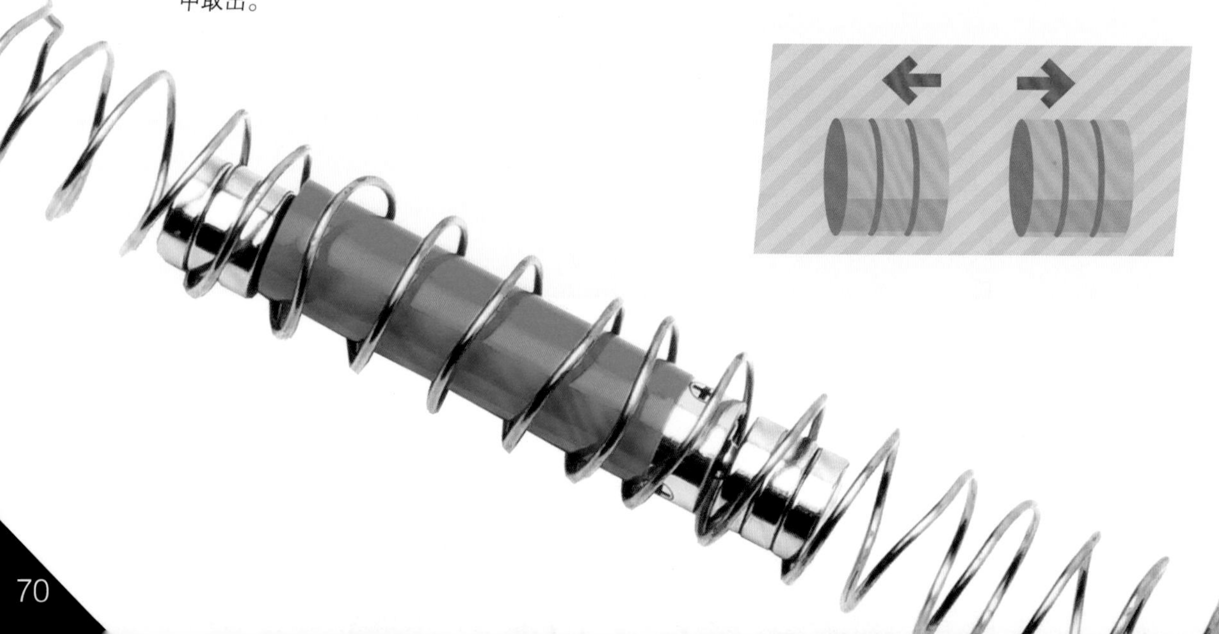

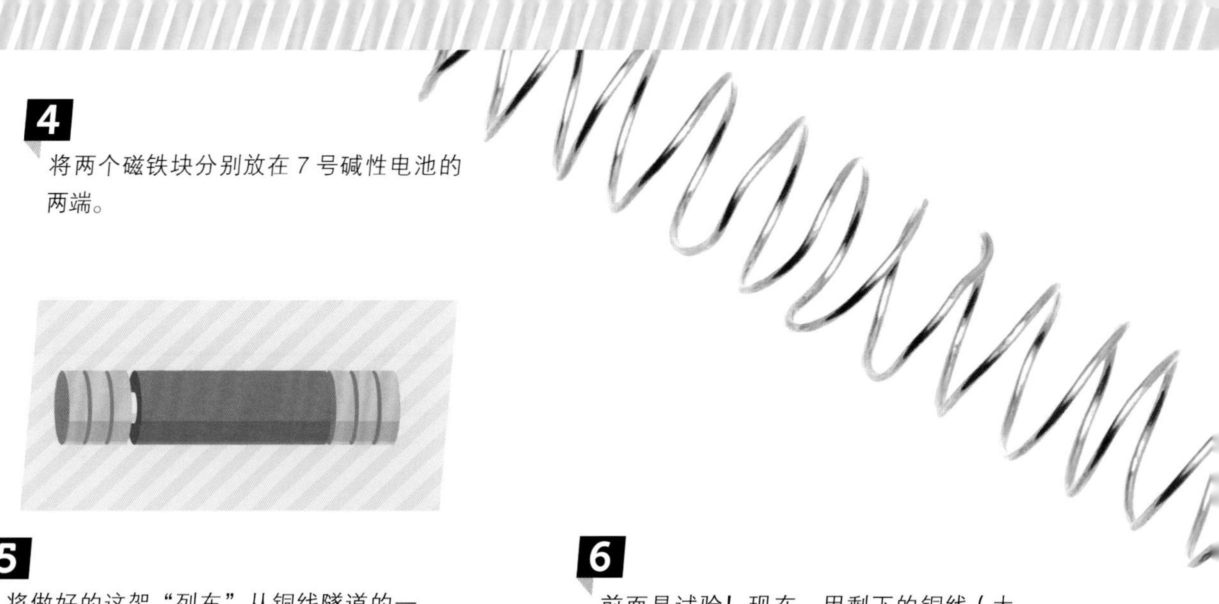

4

将两个磁铁块分别放在 7 号碱性电池的两端。

5

将做好的这架“列车”从铜线隧道的一端推进去。一秒钟后，它就会动起来。

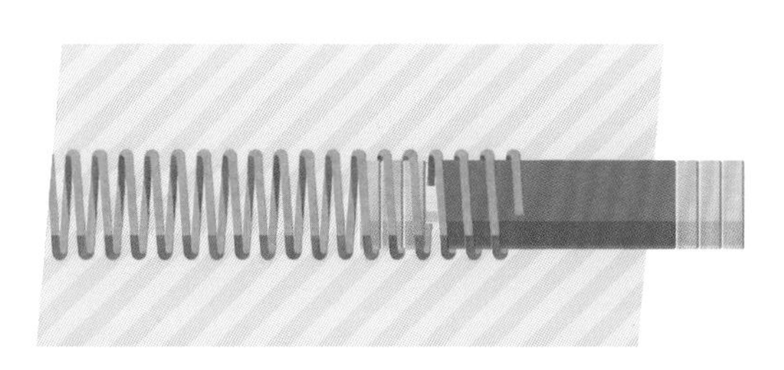

6

前面是试验！现在，用剩下的铜线（大约 4 米长）做一个真正的长隧道吧。把列车从一端放进去。

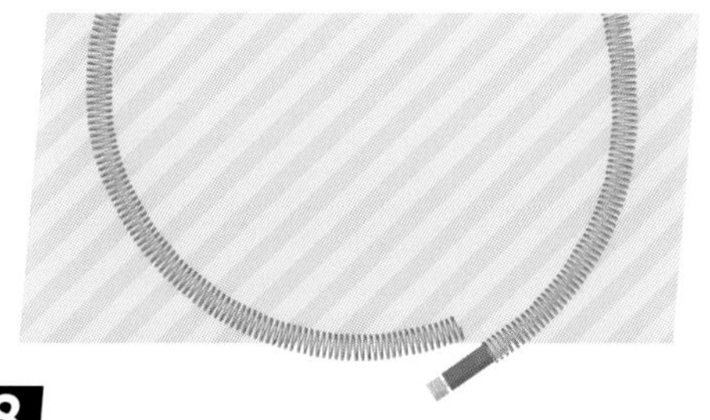

7

列车开动后，将隧道的两端连接在一起。

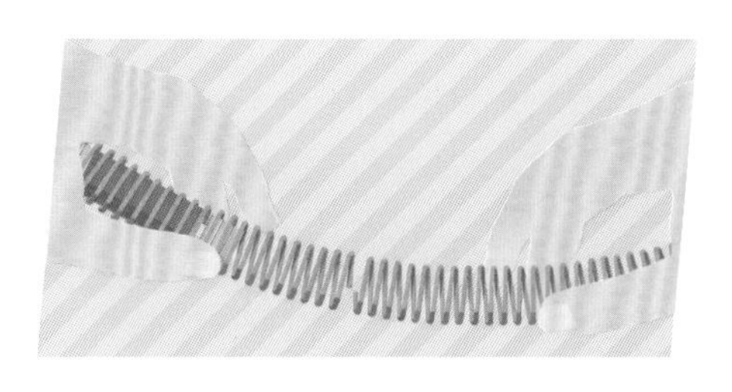

8

列车会在隧道里加速运行，断开隧道并让列车飞射而出。

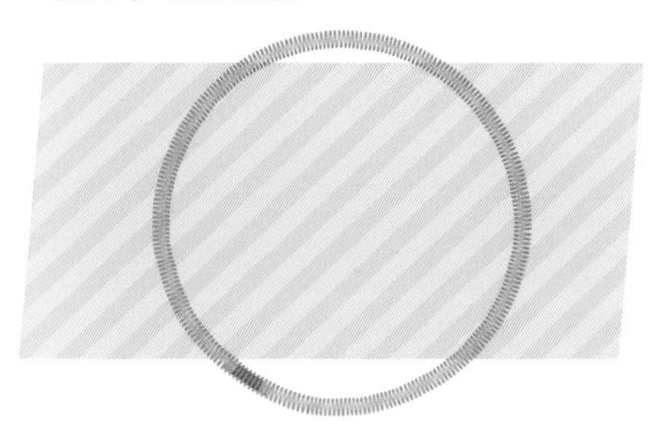

科学知识：
磁场

放到电池两端的磁体与相同的电极之间产生了磁力：要么是两个磁北极，要么是两个磁南极。两端的磁体接触铜线后产生电路。电流通过电路，会在铜线周围产生磁场。这个磁场与“列车”产生的磁场互相作用，磁场推动“列车”尾部的磁体，并牵引“列车”头部的磁体。因此“列车”就会朝一个方向移动。

CD 气垫船

下面将教会你如何做一个简单的气垫船，它用压缩空气让自己升起，飘浮在平坦而坚硬的物体表面。

你需要

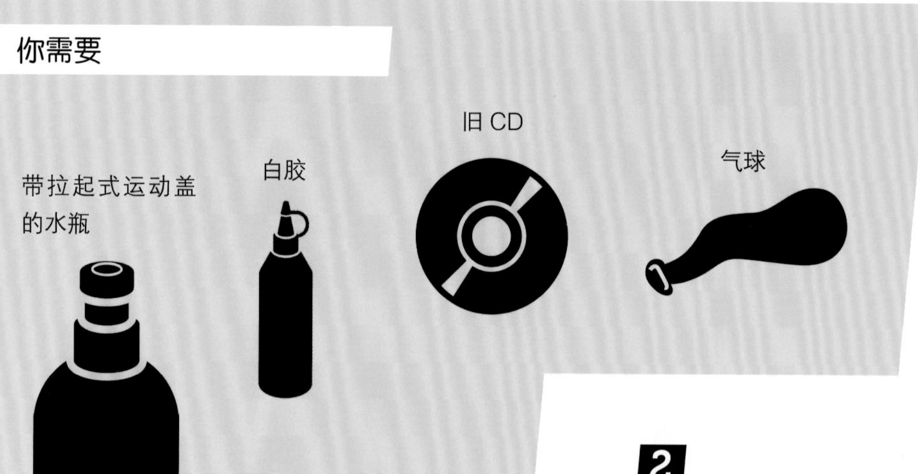

1

拧下瓶盖，在瓶盖底部边缘处涂上白胶。

2

盖紧瓶盖，然后把它压在 CD 的中心位置，拧动瓶盖，确保瓶盖不漏气。等待白胶干透。

3

这个步骤有点难（你也许需要大人的帮助）。吹一个气球，拧住气球口以防漏气，将气球口套在瓶盖上。

4

找一个平坦而坚硬的表面（地毯不行），小心地拔起瓶盖。

5

尽可能迅速地将气垫船放在一个平坦的表面上，看着它起飞吧！

科学知识：空气与摩擦力

空气从气球中排出，流经瓶盖和CD的孔，然后向各个方向流动，由此将CD托举离开地面。空气削弱了CD和地面的摩擦力，使其能够在空中飘浮。用手指轻推一下气球，它将会飞去你想要它去的任何方向。

糖果弹弓

见识一下可以在空中投掷糖果的弹弓，同时教你能量转移的知识！

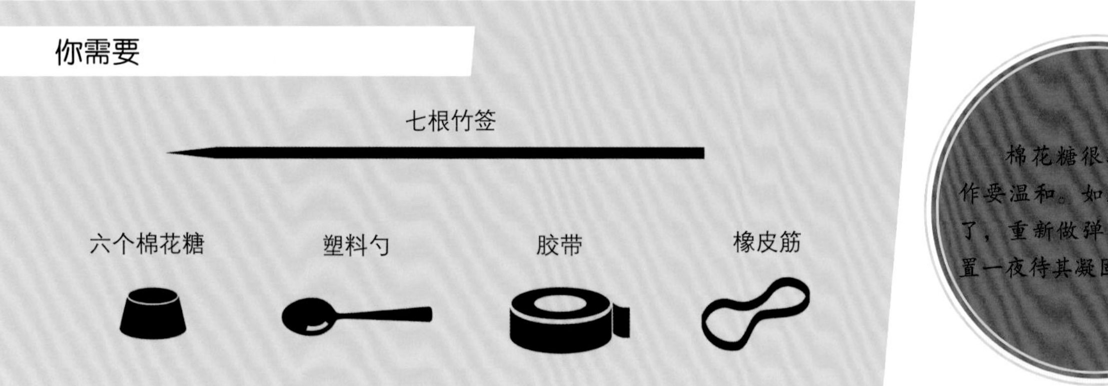

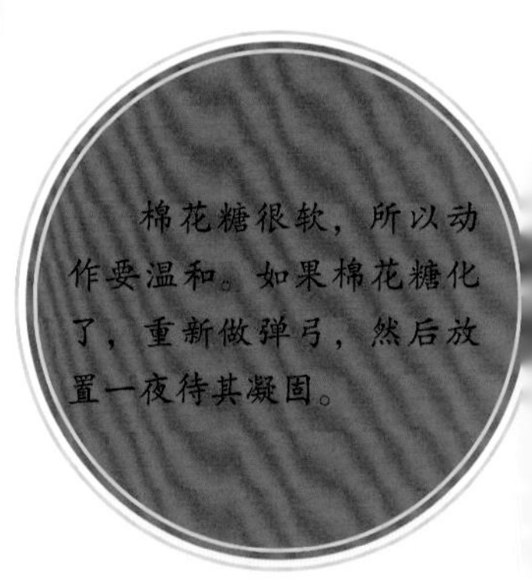

1 拿三个棉花糖，将它们放在平坦的桌面上，摆成一个大三角形。

2 拿三根竹签，如图所示，将它们小心地插在棉花糖上。

3 做金字塔状的顶。将第四个棉花糖放在三角形中心的正上方，并用两根竹签支撑。

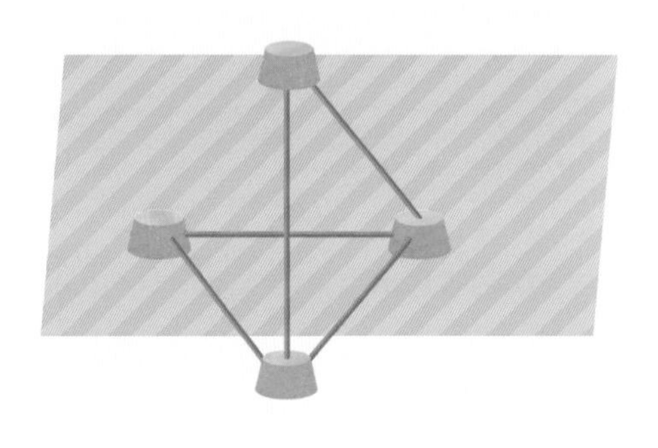

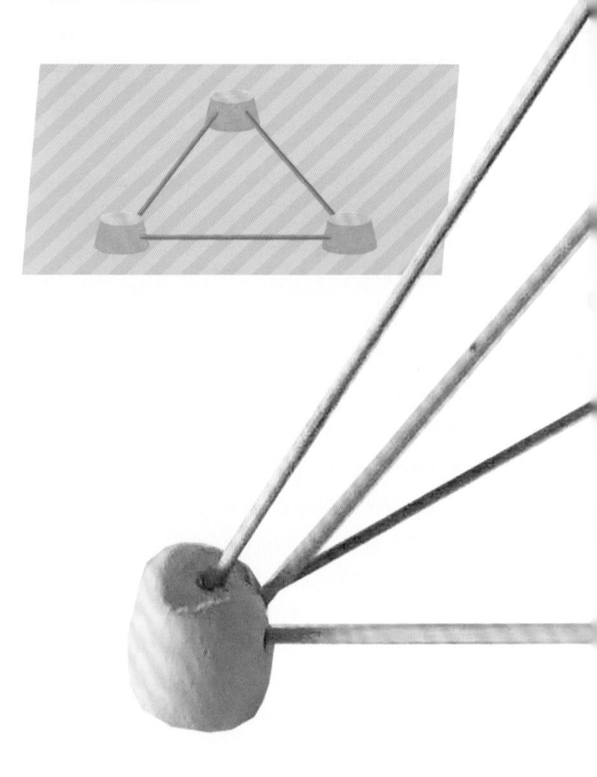

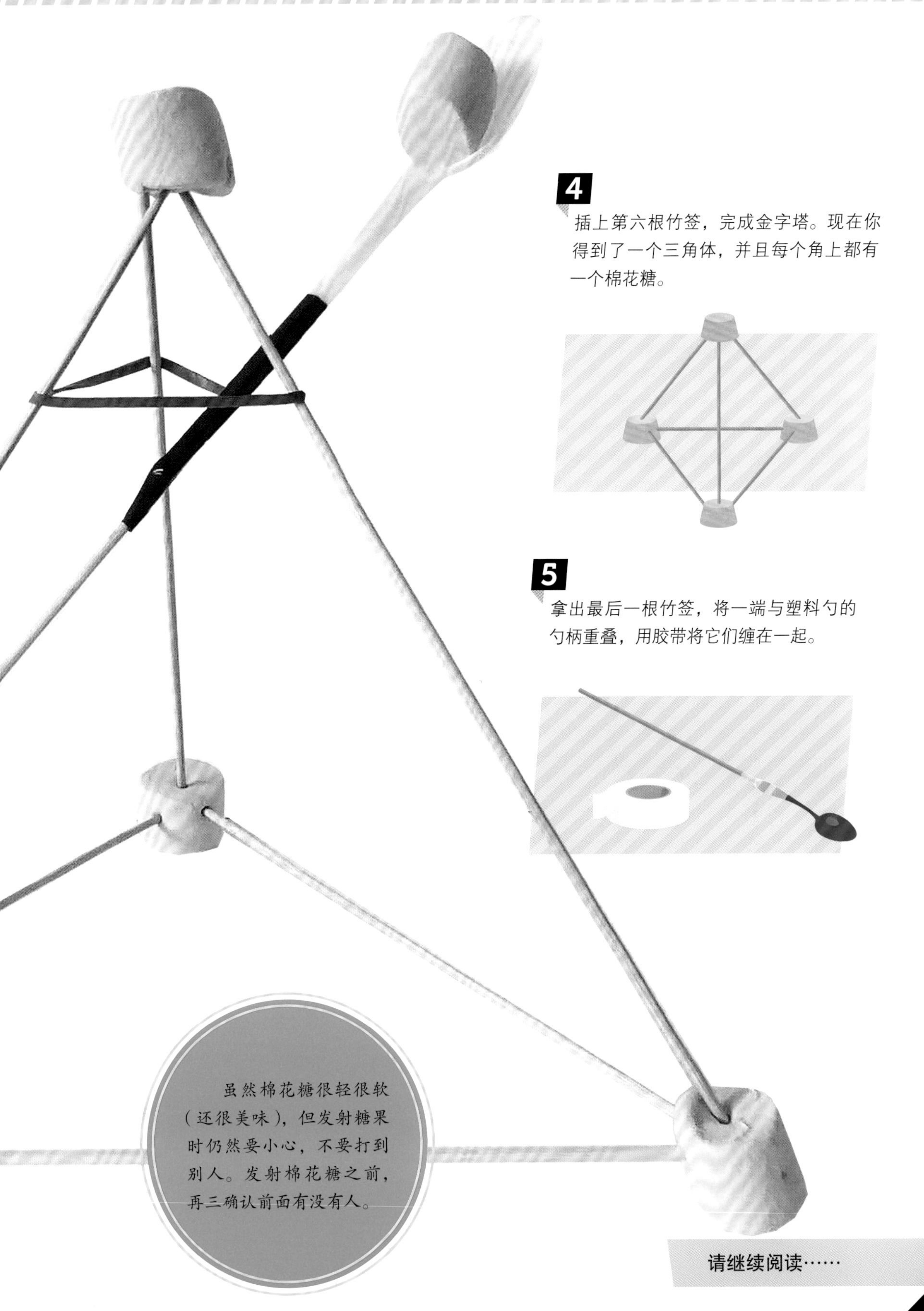

4

插上第六根竹签，完成金字塔。现在你得到了一个三角体，并且每个角上都有一个棉花糖。

5

拿出最后一根竹签，将一端与塑料勺的勺柄重叠，用胶带将它们缠在一起。

虽然棉花糖很轻很软（还很美味），但发射糖果时仍然要小心，不要打到别人。发射棉花糖之前，再三确认前面有没有人。

请继续阅读……

6

用胶带在塑料勺柄上多缠几圈，保证塑料勺不会飞出去！

7

将橡皮筋套在顶部那个棉花糖的下面。

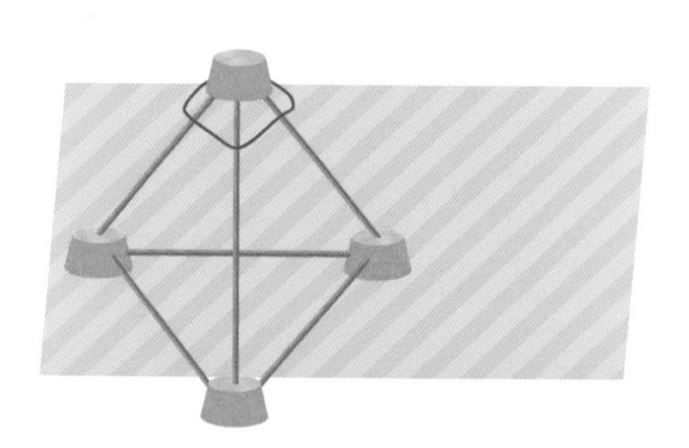

8

将带有塑料勺的竹签穿过橡皮筋，顶端插进金字塔底部的一个棉花糖里。

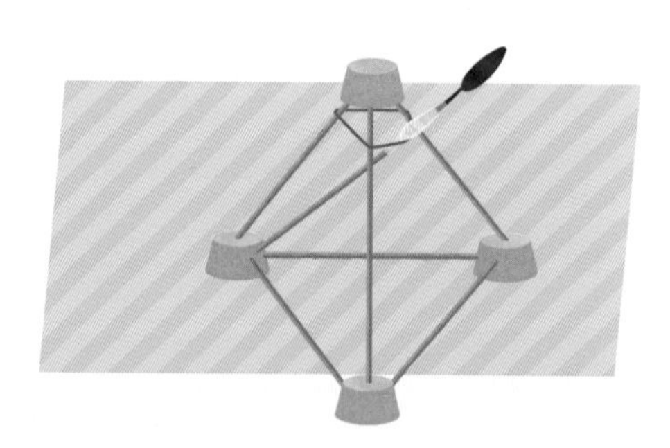

如果你很细心，就会发现完成整个工程后，你还剩了一个棉花糖。吃掉它！这是圆满完成任务的奖励。

9

将第五个棉花糖放在勺子上，一只手按住弹弓，另一只手向下压勺子，拉伸橡皮筋。当橡皮筋拉伸到紧绷状态时放手，棉花糖就会飞向空中！

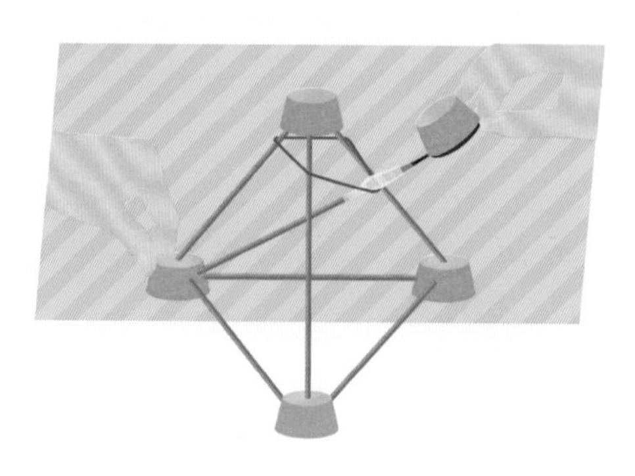

科学知识：

能量转移

当你往下拉橡皮筋时，你的能量转移到了橡皮筋上。直到你放手之前，橡皮筋一直储存这一能量。一旦你放手了，橡皮筋的能量就转移到了棉花糖上，使棉花糖飞向空中。

跳跳蛙

青蛙喜欢跳来跳去，对吗？但当它们累了的时候怎么办？也许它们需要一点帮助……

你需要

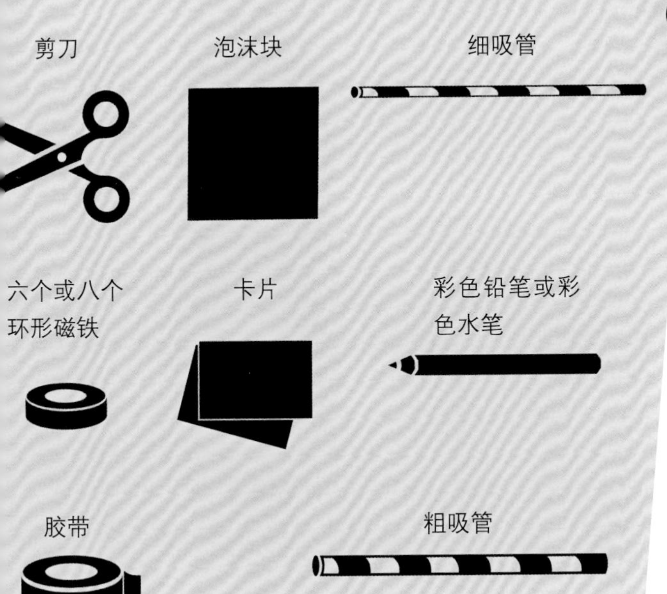

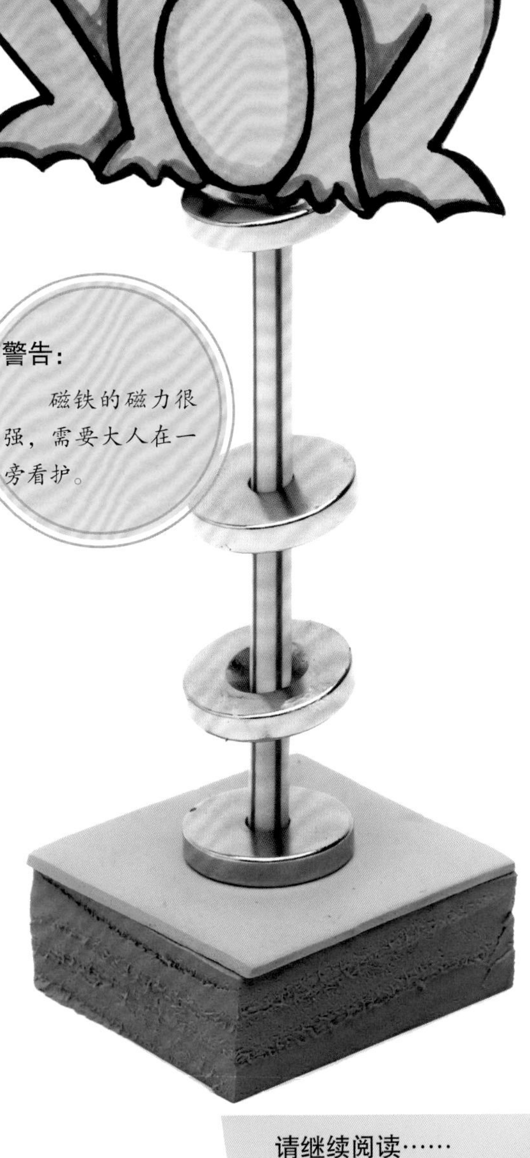

警告：

磁铁的磁力很强，需要大人在一旁看护。

用剪刀在泡沫块上戳一个孔，孔的大小足以让细吸管穿过去。

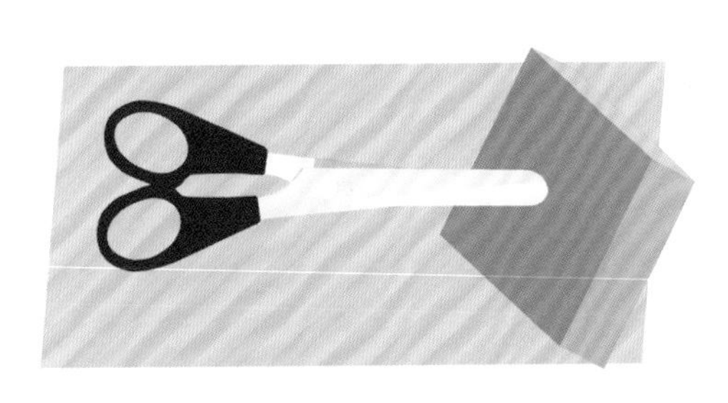

请继续阅读……

2

接下来，将细吸管插在你刚刚戳的孔上。

3

将环形磁铁穿过细吸管，放置在底部。

4

留一对磁铁在底部，将剩下的磁铁从吸管上取下来。

5

将取下来的磁铁翻转过来，再套在吸管上。它们会在底部的磁铁上方悬浮。

6

重复这一过程，直到所有磁铁都在吸管上铺开，每个磁铁都与挨着它的磁铁互相排斥。

7

拿出你的卡片、笔，画一只笑嘻嘻的青蛙。为它涂上颜色，然后剪下来。

如果你不太喜欢青蛙，可以画任何能跳的动物，例如蚱蜢、袋鼠，甚至是墨西哥跳豆！

你能让青蛙跳得比吸管的顶部还要高吗？试试再多加一些磁铁，看看能否成功。

8

将粗吸管剪下一小段，用胶带将其粘在青蛙的背面。

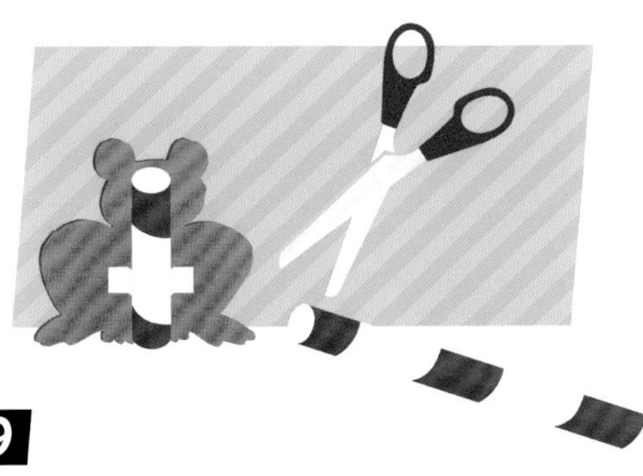

9

将粘有青蛙的粗吸管套在细吸管上。

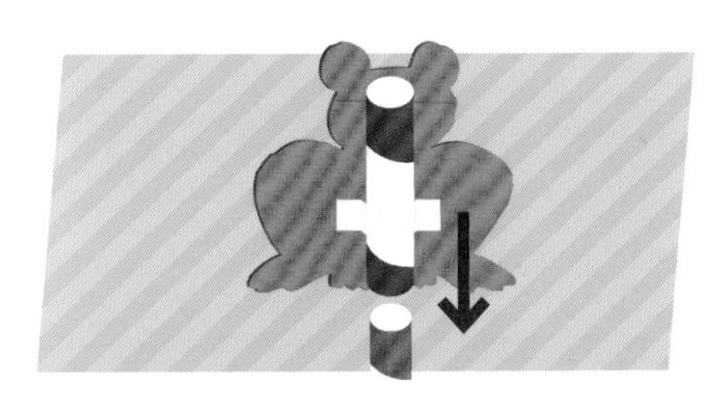

10

将青蛙往下拉，使得所有的磁铁叠在一起，然后放手。青蛙会直直地跳到吸管的顶部！

科学知识：

磁力

磁铁会产生看不见的磁场，这个磁场要么吸引其他的磁铁，要么将它们推开（排斥它们）。一个磁铁的N极会吸引另一个磁铁的S极，但如果你将第二个磁铁翻转过来，那么两个N极就正面相对了，磁场的作用会使得两个磁铁分开。通过将环形磁铁翻转过来，让磁铁互相排斥，就像某种磁力弹簧，使得青蛙弹跳起来。

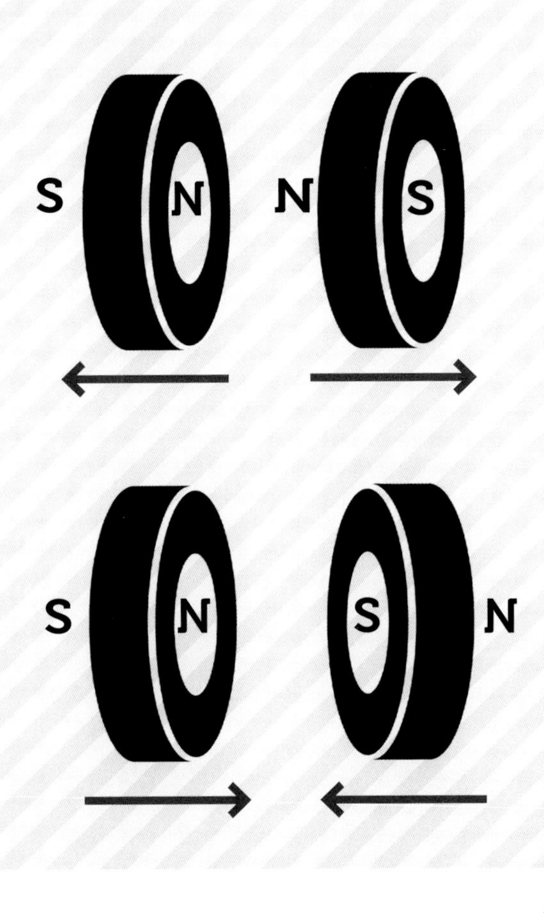

浮沉子

为什么浮沉子能在瓶子里自行上升和下降呢？在制作过程中寻找答案吧！

1

将泡沫纸剪成下图的形状，确保其长度足以绕马克笔笔帽一圈。涂上胶水并将其缠绕在笔帽上。

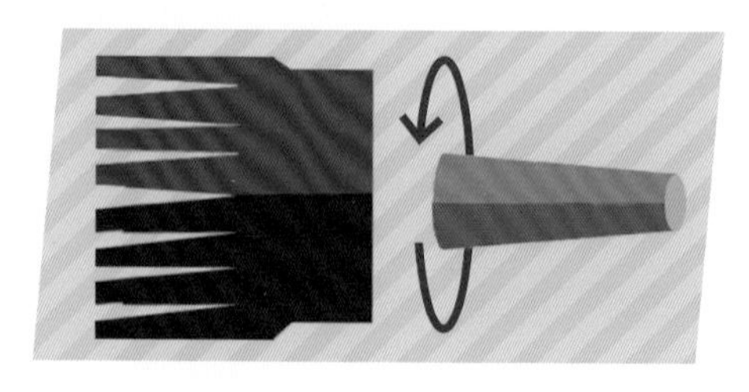

2

用黏土免钉胶包裹浮沉子的“腰部”。装上一对塑料眼睛。

3

将瓶子上的标签都撕下来，在瓶子里倒入水。然后小心地将浮沉子放入瓶中。

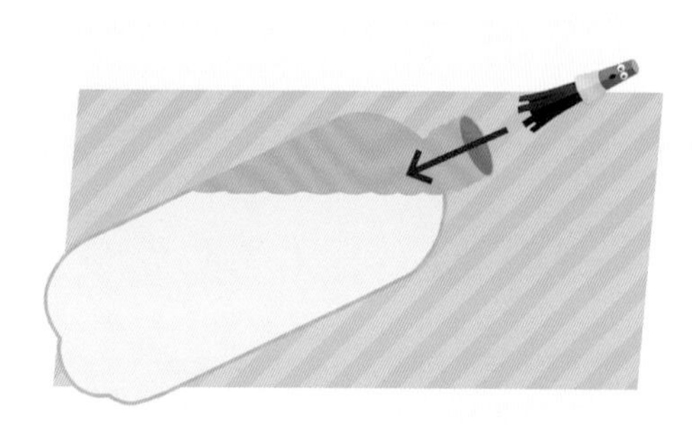

4

拧上瓶盖，挤压瓶身，浮沉子就会下潜到瓶底。如果浮沉子没有下潜，就在它的身上多加一些黏土免钉胶。

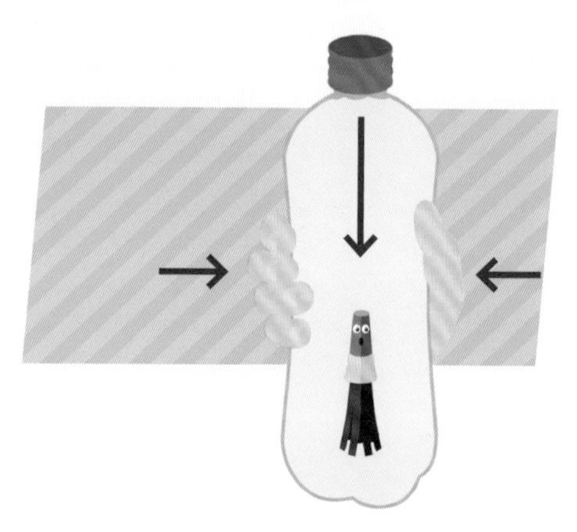

5

现在，停止挤压瓶子，看看会发生什么？
一秒钟后，浮沉子会浮到顶端！

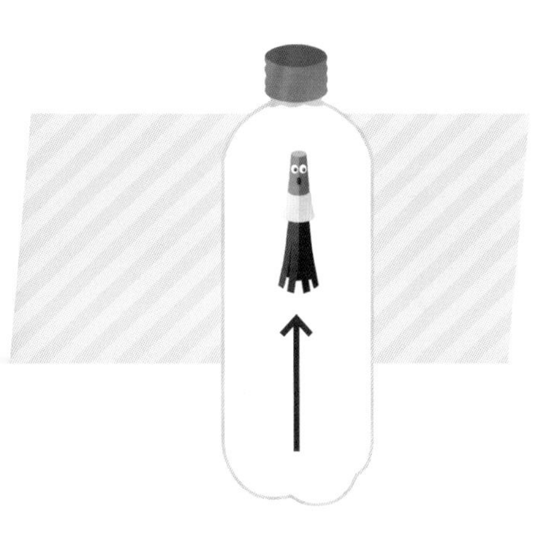

科学家称这个实验为“笛卡儿浮沉子”。“笛卡儿”一词来自法国科学家勒内·笛卡儿（1596—1650），这个实验就是他发明的。

科学知识：浮力

当挤压瓶身的时候，笔帽里的少量空气被压缩，密度变得比周围水的密度大，使得笔帽慢慢下沉到瓶子底部。当停止挤压瓶身的时候，笔帽里的少量空气又膨胀起来，把水挤出笔帽，使得浮沉子的浮力变大，所以它又上升到瓶子顶部。

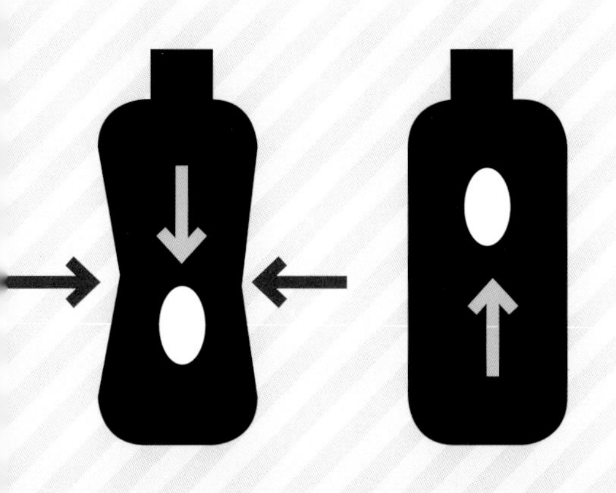

橡皮筋汽车

每个人都喜欢跑得快的车，不是吗？现在你可以自己设计一辆车，并用橡皮筋为它提供动力！

如果你想装饰一下车轮，贴上彩色圆形卡片。在步骤 2 之后、固定纽扣之前，进行这一操作。

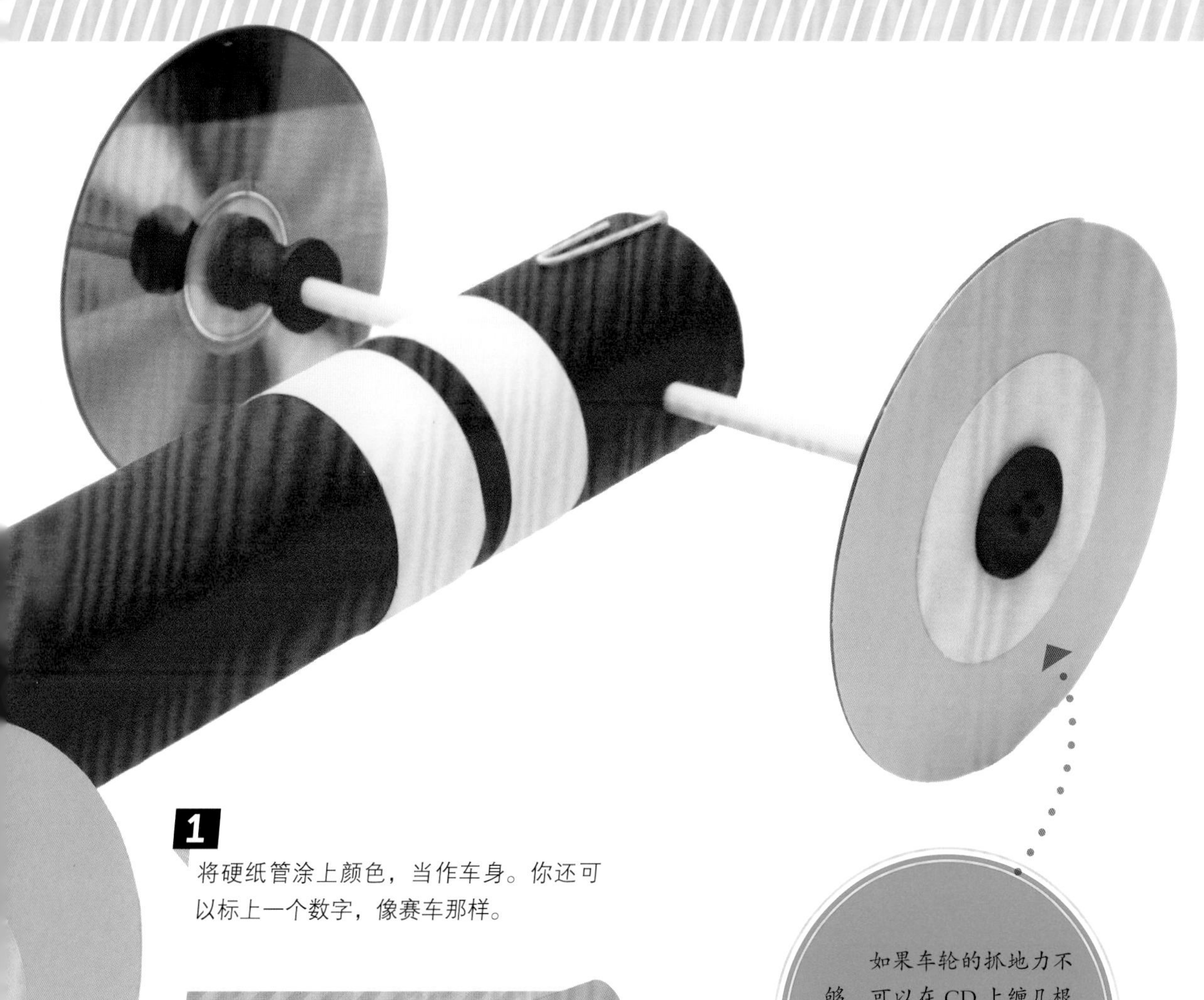

1

将硬纸管涂上颜色，当作车身。你还可以标上一个数字，像赛车那样。

如果车轮的抓地力不够，可以在 CD 上缠几根橡皮筋。它们将起到轮胎的作用，给车轮更多的抓地力。

2

接下来，用白胶将木线轴固定在每张 CD 的中心处。

3

待白胶凝固，将 CD 翻过来，用胶水将纽扣固定在每张 CD 的中央，当作毂盖。

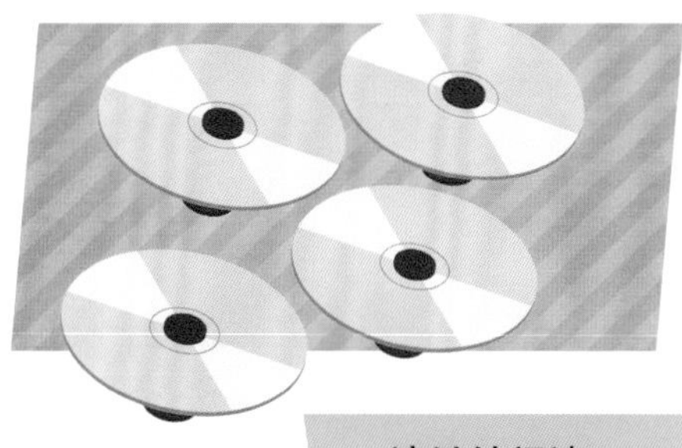

请继续阅读……

4

用削尖的铅笔在距离硬纸管一端 2.5 厘米处戳一个洞。

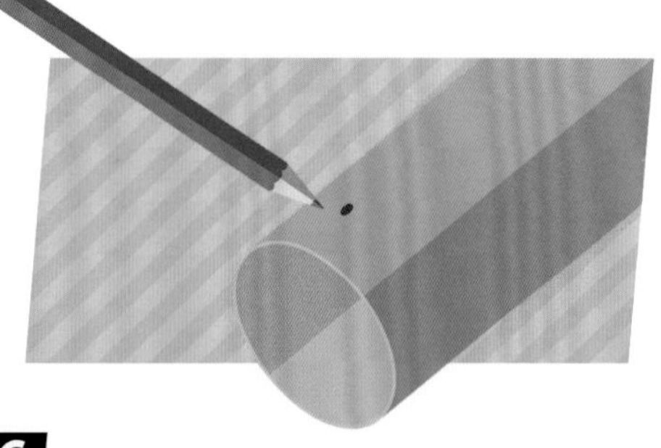

5

在与第一个洞相对的地方再戳一个洞。将短的木钉穿过这两个洞，做成车的前轴。

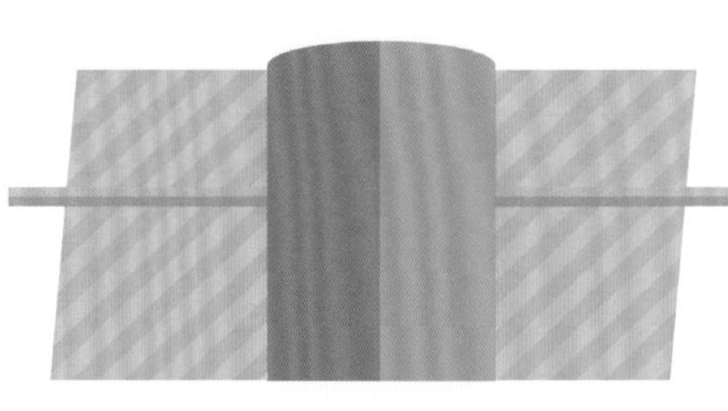

6

在一根粗吸管上剪下两小段，并将它们穿在前轴上，如下图所示。

7

安装车轮，检查两个车轮是否能够自如地转动。

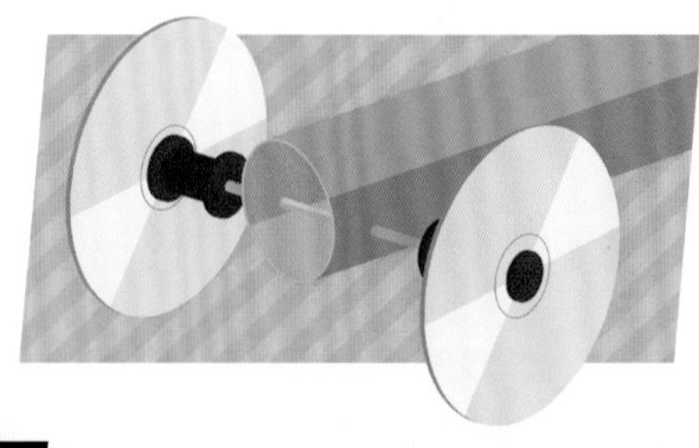

8

卸下车轮，将白胶涂在每个木线轴的孔上，并将车轮重新安置在前轴上。

9

重复步骤 4 至步骤 8，制作后车轮，但要用长木销钉和长一点的吸管。

10

接下来，如下图所示，将六根橡皮筋系在一起，做成橡皮筋链。

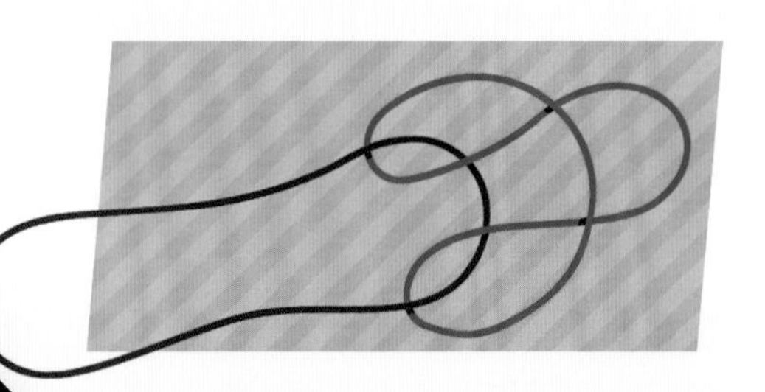

11

将橡皮筋的末端系在前轴上，如下图所示。

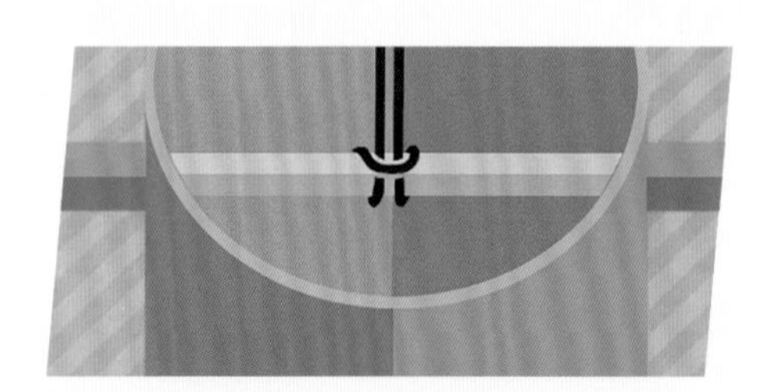

12

将曲别针穿在橡皮筋链的另一端，然后将橡皮筋链穿过硬纸管。

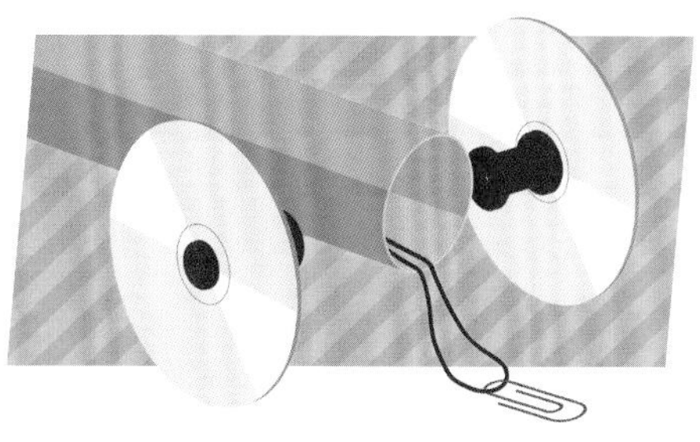

13

将曲别针别在硬纸管的底端。

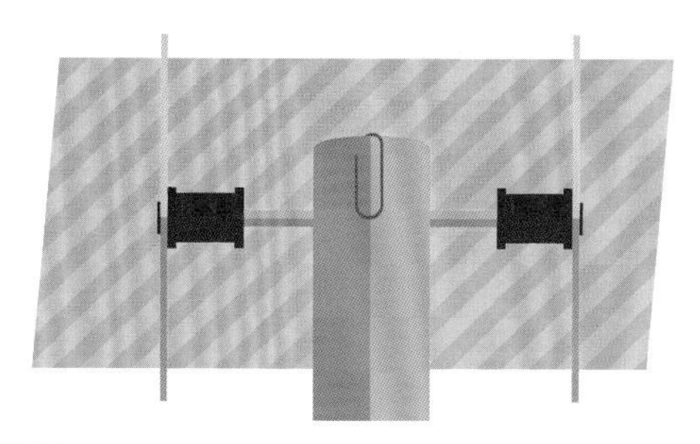

14

为了让这辆车飞奔起来，将前轮逆时针转动，使得橡皮筋缠绕在前轴上。

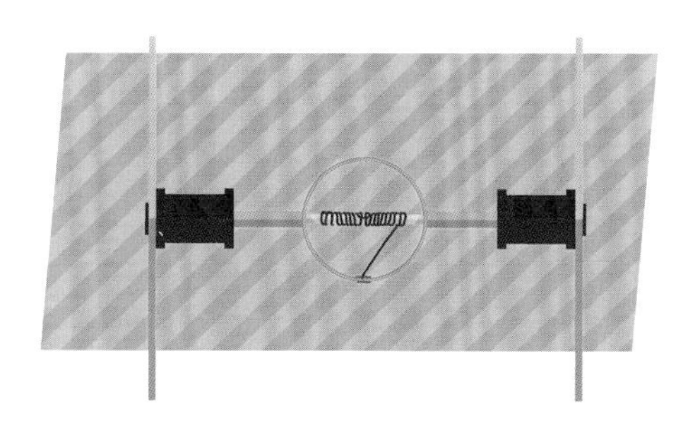

15

等橡皮筋紧绷的时候，将车放在地上，就可以出发了！

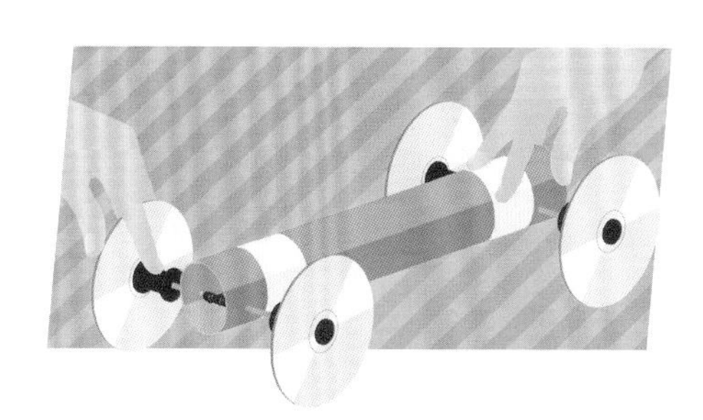

科学知识：

能量存储

当你将橡皮筋缠绕在前轴上时，拉伸橡皮筋的同时也将能量传导到了橡皮筋上。橡皮筋将能量储存下来，留待之后使用。放开车轮时，橡皮筋恢复到自然的未拉伸状态，并将其存储的能量转移到汽车上，使其移动起来。

无翼飞机

你可能以为没有机翼的飞机不会飞得太远。等你看到这架无翼飞机就会发现，它飞得比普通纸飞机还要远！

1 用尺子和铅笔，在卡片上画两个宽 2.5 厘米的长条。其中一个的长度为另一个的一半，并将它们剪下来。

2 将它们卷成圆环，并用胶带将两端粘起来。

3 用胶带将圆环粘在吸管上，如下图所示。

4 将较小的环朝前，把飞机抛向空中。

科学知识：
升力

圆环起到机翼的作用。当飞机起飞时，空气在圆环周围流动，产生升力，即推动飞机上升的力。大的圆环会产生空气阻力，使得飞机保持水平飞行，而小圆环能防止飞机转弯，所以飞机可以向前飞行。

如果你觉得飞机飞得不够远，在粘着小圆环的吸管那端别上曲别针，再让飞机起飞。

鱼缸中的鱼

有一个机智的办法，可以欺骗你的眼睛，
上鱼看起来在鱼缸里！

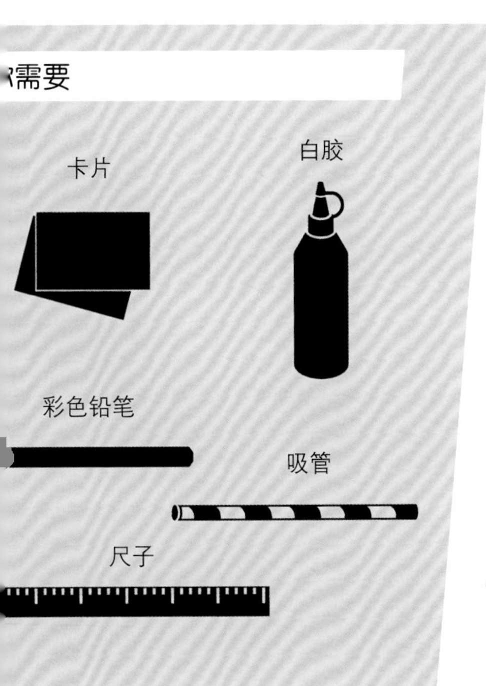

1 将长方形卡片对折，使两条短边重合。在卡片正面画一个空的鱼缸，在卡片背面画一条鱼。确保它们的方向一致！

2 展开卡片，在卡片内侧用尺子和铅笔画出垂直中线。将吸管顶端粘在垂直中线上，然后将胶水涂在卡片的边缘，将内侧粘在一起，等待胶水干透。

3 手持吸管，来回搓动。随着卡片的转动，鱼会出现在鱼缸里，就像魔法一样！

科学知识：

停留鱼

当你盯着某样东西看，例如鱼或者鱼缸，然后再看向别处，物体的影像会“停留”在你的眼中约十分之一秒，这种现象被称为“视觉暂留”。当你旋转卡片玩具时，这种“停留性”将两个画面合成一个画面，所以看起来鱼真的像在鱼缸里。

消失的彩虹

看到彩虹当然很兴奋，不过接下来，我们将要为你展示，如何让彩虹消失！

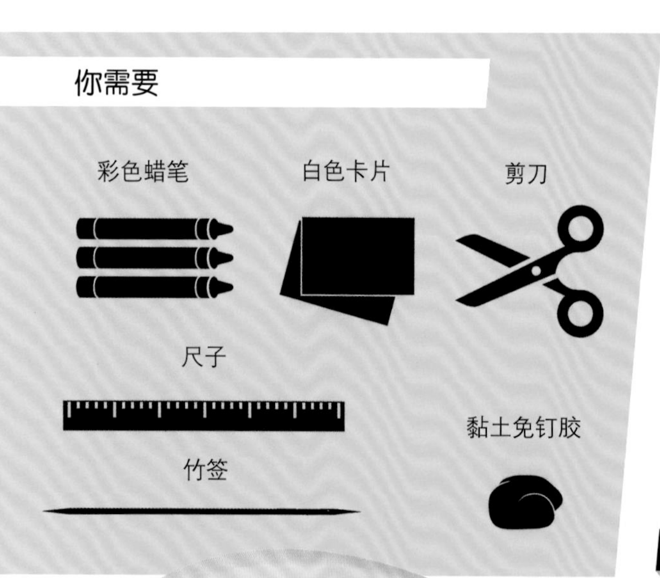

1

在一张白色卡片上画一个圆，并把它剪下来。将圆盘八等分。

2

按以下顺序将每部分涂色：红、橙、黄、绿、蓝、靛、紫。最后的部分不涂色，保持白色。

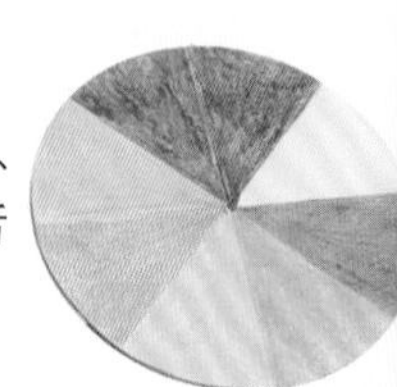

3

将一团黏土免钉胶放在桌子上，然后将圆盘的中心处放在黏土免钉胶上。用竹签在圆盘的中心刺一个孔。

4

转动竹签，使得孔慢慢变大，然后旋转竹签上的圆盘。七彩的颜色就会消失，你看到的只有灰白色。彩虹已经消失了！

当你旋转圆盘时，圆盘可能从竹签上滑落。为了防止它滑落，将圆盘取下来，在竹签顶部粘一节吸管，再将圆盘放上去，现在再次旋转吧！

科学知识：光线和颜色

白色光包含光谱中所有的彩色光。

当你快速旋转圆盘时，你的眼睛无法分辨某个单独的颜色。眼睛只能看到所有颜色混在一起形成的灰白色。

旋转的小蛇

看看这个神奇的螺旋纸条，在空气中弯曲、转动，真像一条蛇！

你需要

铅笔

正方形薄卡片

马克笔

剪刀

黏土免钉胶

细绳

1

在卡片中间画一个小圆圈，然后在周围画螺旋线，直到卡片上布满了螺旋线，然后用马克笔画装饰图案。

2

小心地沿着螺旋线一直剪，直到剪到你开始画螺旋线的地方。

3

将螺旋纸条的中心处放在一团黏土免钉胶上，用削尖的铅笔在中心处戳一个孔。在细绳的末端打一个结，将另一端穿过这个孔。请大人帮忙将你的螺旋小蛇悬在加热器上。看看会发生什么！

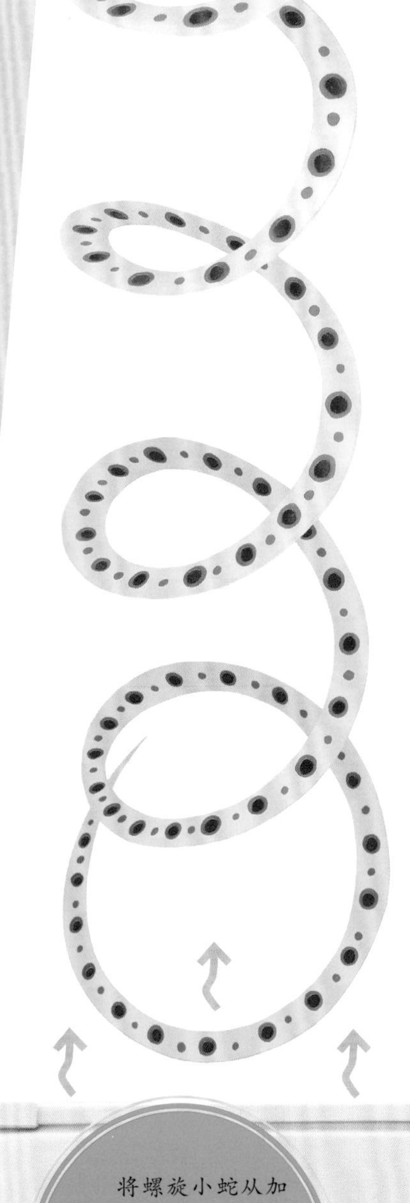

将螺旋小蛇从加热器上移开，它就会慢慢停下来。螺旋小蛇不动了，是因为没有热空气推动它。

科学知识：

温度升高

热空气比冷空气质量轻，所以向上流动。加热器使得其上方的空气温度升高。热空气上升时，会沿倾斜面推动螺旋小蛇，使其不断旋转。

会爆炸的忍者炸弹棒

这不是真的炸弹，这些炸弹棒也不会真的爆炸，但这是一个巧妙的花招，也是一次连锁反应的绝佳展示。

你需要

五根雪糕棒

1

如下图所示，从摆一个“V”字形开始，将一根雪糕棒的底端重叠在另一根雪糕棒的底端。

2

将第三根雪糕棒放在前面两根雪糕棒的上面，如下图所示。

3

握住雪糕棒底端，插入下一根雪糕棒，如下图所示。

4

将刚刚插入的雪糕棒往下推一点，然后将最后一根雪糕棒并排编进去，如下图所示。

5

这就是做好的“炸弹”，准备引爆。

6

将炸弹扔在瓷砖等坚硬的地面上。当它撞到地面时，雪糕棒会向各个方向飞去。

科学知识：连锁反应

当你将雪糕棒编到一起时，你能感觉到它们与你的手指产生对抗力，它们彼此之间也互相对抗。一旦“炸弹”撞击到某个物体，平衡被打破，雪糕棒飞离出去，恢复到它们的自然状态——笔直的无压力状态。这是连锁反应的一个例子，一根雪糕棒对下一根雪糕棒产生影响，循环往复。

你可以制造出比这个复杂得多的忍者炸弹棒。上网搜索“雪糕棒连环爆”或“雪糕棒多米诺”，就会找到用几百根雪糕棒制作的炸弹棒！

不会摔碎的鸡蛋

下面将展示如何用吸管和胶带保护生鸡蛋，使其从很高的地方掉下来也不会碎！

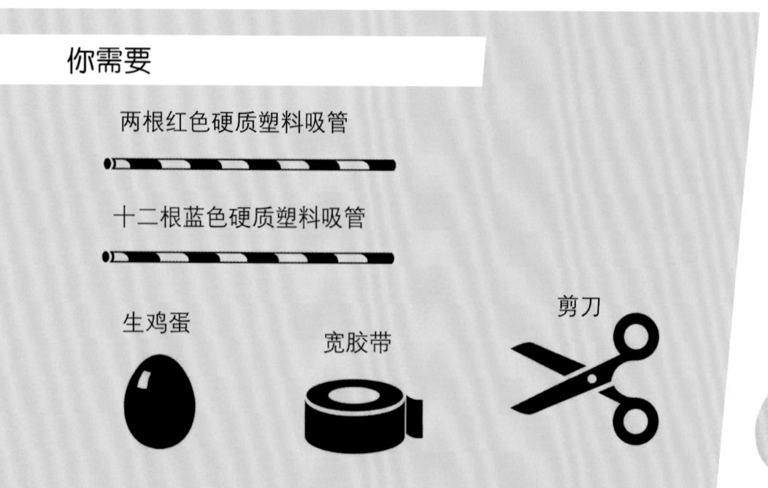

1

将一根红色吸管剪成三段，每段的长度都略大于鸡蛋的高度。另一根红色吸管也这样处理。

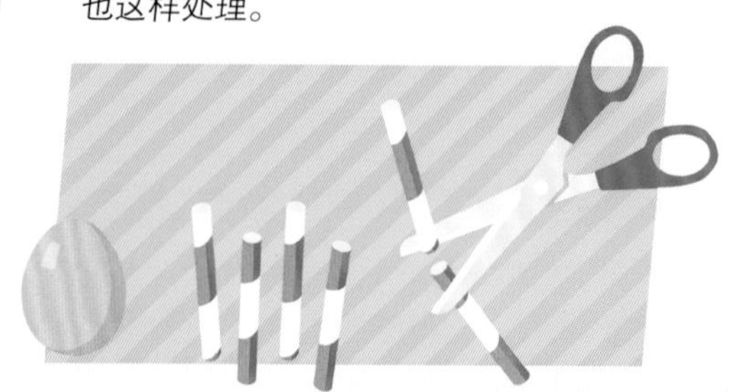

2

用胶带将剪好的六段吸管粘成金字塔形，然后将鸡蛋塞入金字塔内部。确保鸡蛋被紧紧地固定在金字塔中。

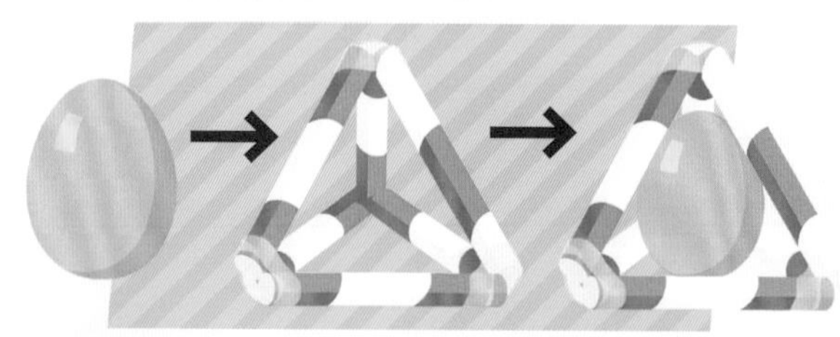

3

现在将两根蓝色吸管粘在一起，变成一根长吸管。重复这一步骤，直到做好六根长吸管。

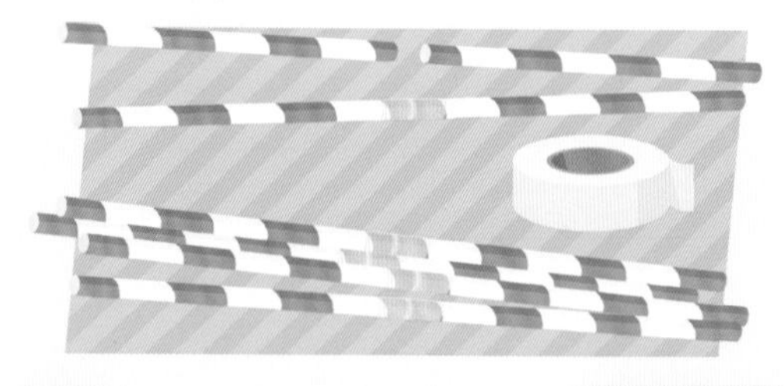

4

用胶带将一根蓝色长吸管与金字塔上的一根红色吸管并排缠在一起。

5

重复步骤 4，如下图所示。

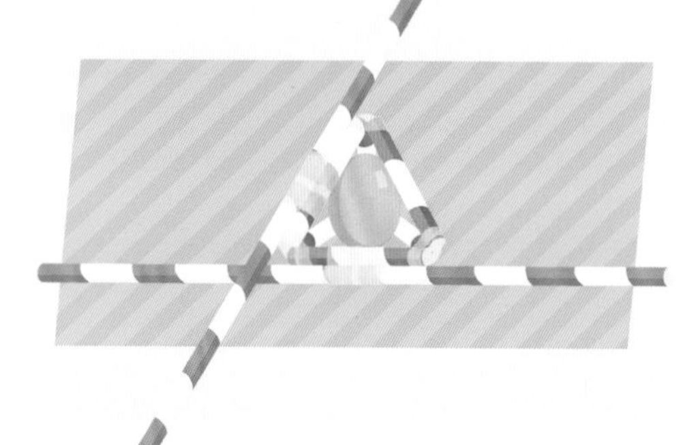

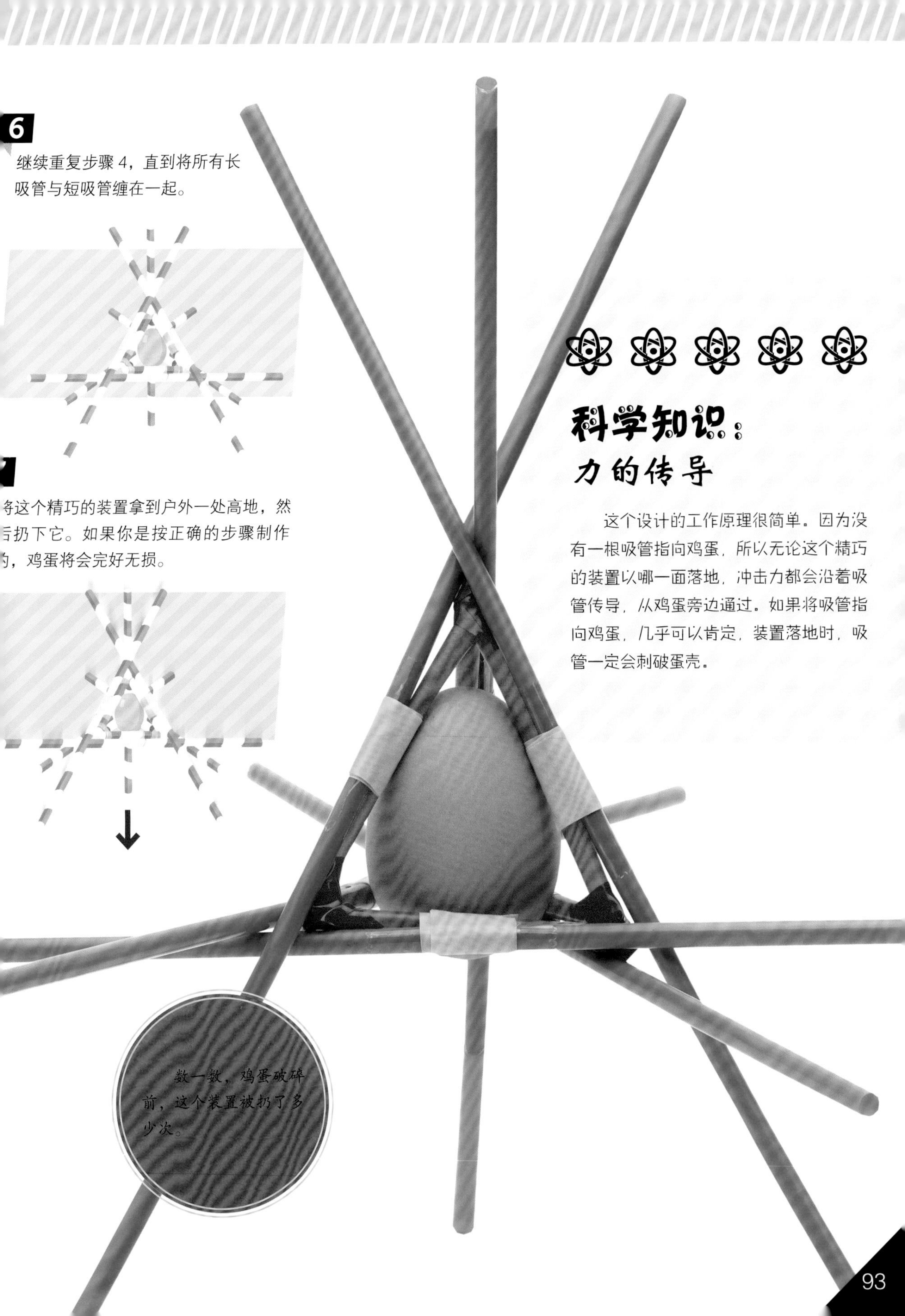

6

继续重复步骤 4，直到将所有长吸管与短吸管缠在一起。

7

将这个精巧的装置拿到户外一处高地，然后扔下它。如果你是按正确的步骤制作的，鸡蛋将会完好无损。

科学知识：力的传导

这个设计的工作原理很简单。因为没有一根吸管指向鸡蛋，所以无论这个精巧的装置以哪一面落地，冲击力都会沿着吸管传导，从鸡蛋旁边通过。如果将吸管指向鸡蛋，几乎可以肯定，装置落地时，吸管一定会刺破蛋壳。

数一数，鸡蛋破碎前，这个装置被扔了多少次。

术语表

尽管我们已经尽力将书中不同“制作”所应用的各种科学原理进行了解释，也许还有一些你仍然不那么确定。

3D

三维的简称。纸上的画只有二维——宽度和高度——但通过增加阴影和透视，你能看到深度，也就是产生了第三个维度的幻觉。

磁场

磁铁周边的区域。在磁场内，磁力可以吸引或者排斥任何用磁性材料做成的物体。

电路

电流流动和传导能量的路径。

靛蓝

介于蓝和紫之间的颜色。

二进制

仅用两个符号（0 和 1）表示的计数系统，或者只能被打开或关闭的开关。

放大

要想增强声音的音量，使其变得响亮，一种方式是将声音聚拢，这就是为什么手呈杯状放在嘴边能够让你的喊叫声变大。

分子

一组在化学结构上紧密联系的原子。

浮力

某个物体能够浮动，是因为一种向上的力导致的，这种力叫作浮力。

化学元素

仅含有同类型的原子的纯物质。

回声

一种声音，通过从物体表面反射或者引起附近物体振动而使得声音延长的现象。试试在一个完全空荡荡的房间大喊，就会听到回声。

几何学

关于研究形状以及它们彼此位置关系的学问。

可视光谱

所有人眼能够见到的光的集合，例如可见光。还有一种电磁波谱，它是我们看不到的东西的集合，例如紫外线和无线电波。

酪乳

搅拌奶油后残留的浓缩液体。

理论

通过观察和试验，对所发生的事情进行解释的方式。一些理论无须实践证明就能成立。

力

一个物体作用在另一个物体上的效果。力可以是推力，也可以是拉力。

粒子

物质中非常小的微粒。

摩擦

一个物体摩擦另一个物体的表面时所产生的阻力。试试看，将一辆玩具车放在木地板上滑，然后再放在地毯上滑，感受两者摩擦力的不同。

能量

人或物体活动的能力。例如，食物为我们保暖、行走和说话提供能量，电池为电路工作提供能量。

凝结

气体遇冷后变为液体的过程。例如，天气炎热的时候，从冰箱里拿出一罐汽水，空气中的水分遇冷，在易拉罐表面凝结成水滴。

频率

一秒之内声音振动的次数。

酸（和碱）

酸是一种物质，尝起来是酸的，它能和一些金属产生强烈的反应。柠檬尝起来是酸的，是因为含有柠檬酸。酸能被碱中和，碱溶于水。

碳

一种无所不在的化学元素——我是说真的！每一个正在读这本书的人身上都含有 18% 的碳。

物质

任何有质量且占据一定空间的东西都是由物质组成的。你是由物质组成的，书也是。

细菌

由单细胞构成的微小生物，是麻烦制造者。例如，细菌可以让你喉咙痛。

星座

构成某种图案的星星的总称。这种图案通常以地球上的物体（例如犁）或者某种虚构的形象（例如长着翅膀的马）命名。

压力

作用于物体表面的力。例如，空气作用于气球的表面，或者水作用于容器的表面。

氧化

物质失去电子的过程称为氧化。狭义的氧化反应是指一种物质与氧气发生作用时产生的化学反应。铁暴露在氧气中就会氧化生锈。

音高

当你听到一段音乐时能分辨哪个是高音、哪个是低音，你听的就是音乐的音高。音高是声波以不同的频率振动的结果。

营养素

动植物存活和成长所需的主要物质。食物和土壤中的矿物质都是营养素，前者为人类活动提供能量，后者为植物生长提供能量。

预言

科学家根据过去发生的事情来猜测未来会发生什么。

增塑剂

加入某种物质中，使其变得柔韧、不易碎的东西。

振动

物体的往复运动。例如，拨动一个尺子或者橡皮筋，使其振动。

蒸发

当加热液体时，液体会蒸发变为气体。把一罐冰汽水放在暖和的地方，罐子上凝结的水珠会蒸发变成气体，这样一来罐子就干了。

质量

质量是构成某个特定物体的物质的总量。宇宙中每个物体都有质量。虽然质量通常用重力的单位表示，但质量和重力不同，重力是物体受到地球吸引产生的力。